Eduardo Terra

INTELIGÊNCIA ARTIFICIAL NO VAREJO

Literare Books
INTERNATIONAL
BRASIL · EUROPA · USA · JAPÃO

Copyright© 2024 by Literare Books International.
Todos os direitos desta edição são reservados à Literare Books International.

Presidente:
Mauricio Sita

Vice-presidente:
Alessandra Ksenhuck

Chief Product Officer:
Julyana Rosa

Diretora de projetos:
Gleide Santos

Capa e projeto gráfico:
Gabriel Uchima

Diagramação:
Alex Alves

Coordenação técnica:
Rebeca Pimentel

Organização e edição:
Renato Müller

Revisão:
Ivani Rezende

Chief Sales Officer:
Claudia Pires

Impressão:
Vox Gráfica

Dados Internacionais de Catalogação na Publicação (CIP)
(eDOC BRASIL, Belo Horizonte/MG)

T323i Terra, Eduardo.
   Inteligência artificial no varejo / Eduardo Terra. – São Paulo, SP: Literare Books International, 2024.
   168 p. : 14 x 21 cm

   Inclui bibliografia
   ISBN 978-65-5922-796-9

   1. Comércio varejista – Administração. 2. Planejamento estratégico. 3. Inteligência artificial. I. Título.
   CDD 658.87

Elaborado por Maurício Amormino Júnior – CRB6/2422

Literare Books International.
Alameda dos Guatás, 102 – Saúde– São Paulo, SP.
CEP 04053-040
Fone: +55 (0**11) 2659-0968
site: www.literarebooks.com.br
e-mail: literare@literarebooks.com.br

Nenhuma parte desta publicação poderá ser reproduzida por qualquer meio ou forma sem a permissão expressa do autor.

A violação dos direitos é crime estabelecido na lei n° 9.610/98 e punida pelo artigo 180 do Código Penal.

Apesar de todas as formas de verificação feitas para garantir a confiabilidade das informações contidas neste livro, não é de responsabilidade do autor, nem do editor, quaisquer erros, omissões ou interpretações contrárias aos termos aqui tratados.

Este livro deve ser usado como parte das informações necessárias para um processo de implantação e não tomado como instrução e comando. Quem lê é responsável pelas próprias e exclusivas ações e compreensões.

Quaisquer menções a empresas, marcas e pessoas são meramente ilustrativas e de domínio público, pois foram colhidas em sites de notícias da Internet, jornais, revistas, livros e estudos de ampla circulação.

PREFÁCIO

ALBERTO SERRENTINO
Consultor, conselheiro, autor e fundador da Varese Retail.
Top Retail Expert 2024.

É um prazer escrever mais um prefácio para este novo livro do meu sócio e amigo Eduardo Terra. O tema de Inteligência Artificial é atual, estratégico e relevante para o varejo.

Vivemos ciclos recentes intensos, desafiadores e transformadores para o varejo. O biênio 2020-2021 foi condicionado pela pandemia, provocou um salto na maturidade digital dos clientes e aceleração digital do varejo. No Brasil, houve aumento de escala e domínio dos grandes *marketplaces* e a descoberta do *cross-border* via *e-commerce* (compras online feitas em plataformas globais e atendidas por *sellers* em outros países, principalmente China). Esta aceleração digital foi feita se buscando novos canais e modalidades de venda que permitissem contornar as restrições impostas pela pandemia e o receio por parte dos clientes em visitar lojas físicas. Houve aumento de investimento em tecnologia e na criação de canais e modalidades de venda e grande liquidez com recursos a baixo custo para financiar os esforços de enfrentamento da pandemia por parte do varejo.

O biênio 2022-2023 apresentou cenário de desorganização de cadeias de valor, aceleração da inflação, conflitos na Ucrânia e Oriente Médio, aumento nas taxas de juros, restrições a crédito e aversão a risco alocado em negócios de varejo. No Brasil, adicionalmente, a crise vivenciada pela Americanas a partir de janeiro de 2023 e o baixo crescimento econômico contribuíram para acentuar as dificuldades e desafios vivenciados pelo setor. O aumento rápido e vertiginoso nas taxas de juros gerou duplo efeito perverso para o varejo, comprimindo a demanda e provocando aumento de despesas financeiras nas empresas. O varejo foi desafiado a buscar ganhos de eficiência, produtividade, proteção e geração de caixa. A agenda de aceleração digital migrou de vendas digitais para otimização de processos-chave.

Na busca por otimização em processos de planejamento, logística, *supply chain*, gestão de estoques, precificação e gestão operacional de lojas, o varejo começou a aplicar parte do aprendizado vivenciado durante a pandemia (células ágeis, intensa experimentação, foco em problemas concretos, aplicação de tecnologia e expansão de frentes bem-sucedidas). Também descobriu potenciais ganhos derivados de automação de processos e aplicação de inteligência analítica, *advanced analytics, machine learning* e o poder dos dados suportados por algoritmos inteligentes. Consolida-se a migração do varejo de indústria com baixa intensidade tecnológica para alta intensidade tecnológica, onde tecnologia passa a ser central e demanda novas competências organizacionais e de liderança.

A partir do lançamento em final de 2022 da versão aberta do Chat-GPT da Open AI, a agenda do varejo começou a ser contaminada pela oportunidade de aprofundamento e ampliação de processos de automação e de ganhos de eficiência e produtividade operacional, além de possíveis avanços em comunicação, relacionamento com clientes e personalização em escala.

Para que o varejo possa capturar os ganhos potenciais da aplicação de Inteligência Artificial, terá que aprofundar frentes estruturantes ligadas à arquitetura (em microsserviços), unificação e qualificação de dados e cadastros, incorporação de novas competências e revisão de processos e desenhos organizacionais. Também terá que pensar de forma aberta e colaborativa.

As possíveis aplicações de IA no varejo passam por otimização de processos-chave, melhora na experiência do cliente e ganhos em segurança. De outro lado, trazem desafios de ética e responsabilidade em sua adoção e uso.

Estamos vivenciando potencial revolução ainda em estágio embrionário e que terá desdobramentos e evolução imprevisíveis. Este livro traz referências sobre o surgimento e evolução da IA, as atuais plataformas e ferramentas que começam a ser utilizadas por consumidores e empresas de varejo e as possíveis aplicações e impactos para o negócio. É um bom guia para aculturamento e para iniciar a longa e rica jornada de descobertas que profissionais, líderes e empresas de varejo vão percorrer.

SUMÁRIO

Agradecimentos **9**

Introdução **13**

CAPÍTULO 1 Inteligência Artificial: conceitos, história
e momento atual **21**

CAPÍTULO 2 IA e suas tecnologias de sustentação **37**

CAPÍTULO 3 As diversas formas e aplicações de IA **61**

CAPÍTULO 4 As novas competências que a IA exige
dos profissionais **83**

CAPÍTULO 5 IA: principais usos e aplicações no varejo **111**

CAPÍTULO 6 Conclusões? **143**

Referências bibliográficas **161**

AGRADECIMENTOS

Escrever um livro é sempre uma atividade coletiva. O processo de preparação, desenvolvimento, redação e produção exige uma enorme disposição de estruturar os pensamentos e colocá-los em palavras (o que costuma ser feito à frente do computador ou até do celular) – mas, até chegar a esse momento, passa-se muito tempo discutindo essas ideias. Incontáveis horas são investidas estudando o mercado, analisando informações, editando as ideias, formatando os pensamentos, pensando e repensando tudo, até chegar a este livro que você agora tem em mãos.

De forma mais ampla, escrever um livro é um processo que leva a vida inteira – ainda mais nos tempos atuais, em que o *lifelong learning* faz parte do nosso jeito de ser. O conhecimento vai sendo colhido ao longo dos anos, depurado, resumido, comparado com outras referências e, em algum momento, acreditamos que ele está pronto para ser publicado. Na realidade, ele nunca está pronto: o mercado sempre evolui, as certezas de hoje se transformam rápido no passado, o futuro se torna o presente. Certamente, daqui a alguns anos continuaremos falando sobre novas tecnologias e, principalmente, da evolução da Inteligência Artificial.

Este livro que você está iniciando é uma jornada que nasceu a partir de muito estudo, conversas, reuniões e viagens sobre um tema que está transformando o mundo que conhecemos: a Inteligência Artificial. Como membro do Conselho de Administração de diversas empresas de varejo, tenho a oportunidade – e o privilégio – de discutir ideias e conceitos, colocando-os a serviço da prática das empresas.

Como palestrante, transformo esses debates em novos *insights*, multiplicando o conhecimento em um círculo virtuoso. A partir disso, entendi que poderia levar ao setor que sempre me abraçou, o varejo, uma contribuição de como a Inteligência Artificial já está transformando os negócios e transformará ainda mais nos próximos anos.

Nessa jornada, muitas pessoas participaram dos debates e da organização das ideias, me ajudando, mesmo que indiretamente, a dar forma a este livro. Em primeiro lugar, agradeço à minha esposa Luciana, a meus filhos Juliana e Gabriel, a meus pais e meus irmãos. O apoio de vocês tem sido inestimável na minha jornada de vida.

Preciso agradecer também ao jornalista Renato Müller e sua equipe, que têm me acompanhado nesta jornada de livros, artigos e publicações. Renato, sem dúvida, conhece o varejo como ninguém e saber traduzir minhas ideias, *insights* e visões em ótimos textos.

Meus sócios também ocupam uma posição especial nestes agradecimentos. Minha atuação como consultor e organizador de missões internacionais de atualização em varejo é um pilar importante de todo o processo de conhecimento que gerou este livro. E isso não seria possível sem meus sócios, tanto na BTR – Educação e Consultoria quanto na BTR-Varese.

Um agradecimento ainda mais especial ao Alberto Serrentino, que escreveu o prefácio deste livro e tem sido um parceiro nessa jornada de desenvolvimento do varejo. Quero agradecer também aos meus sócios da HiPartners, a empresa de Venture Capital da qual sou sócio, os quais me ajudaram muito a conhecer e entender o universo da tecnologia e da IA no varejo. Juntos, já analisamos mais de 1.000 *startups* com soluções para o varejo, o que traz um aprendizado prático único.

Também agradeço a meus colegas nos Conselhos de Administração, alunos e clientes. Sem eles, o intenso processo intelectual que tem gerado ideias, teorias, análises e *insights* seria muito menos interessante.

Também quero agradecer imensamente a você que está lendo. Livro que não se lê é livro que, na prática, não foi publicado. As ideias só ganham corpo quando são conhecidas, debatidas e aprimoradas. Por esse motivo, você é uma parte essencial desse processo. Obrigado por decidir utilizar seu tempo com este livro!

Por fim, quero ouvir seu *feedback*. Acesse-me nas redes sociais e me diga como o livro o ajudou na sua trajetória profissional. Juntos, vamos contribuir para a evolução do varejo brasileiro.

Um grande abraço.

Eduardo Terra

INTRODUÇÃO

Vivemos tão imersos no dia a dia, nas urgências das decisões cotidianas, que nem sempre percebemos como a transformação acontece diante dos nossos olhos. E, por isso, quando a mudança se torna *mainstream*, ficamos nos perguntando como tudo aconteceu e corremos para nos adaptar.

Pense, por exemplo, na Inteligência Artificial (IA). Há poucos anos, era um tema que habitava o universo das séries e filmes de ficção científica. Você encontrava IA na Netflix, não nas discussões de negócios. No final de 2022, um relatório do Gartner mostrava que, para 86% dos CEOs entrevistados, essa já havia se tornado uma tecnologia de larga adoção.

Outro dado, agora da Grand View Research, mostra que veremos uma grande aceleração no uso da IA nos próximos anos. Esse é um mercado que movimentou US$ 136 bilhões no ano de 2022 – e baterá a marca de US$ 1 trilhão em 2030.

Como não poderia deixar de ser, esse crescimento exponencial passa pelo varejo. O varejo é um setor muito sensível a custos e extremamente competitivo; tecnologias, ferramentas e soluções que tragam para as empresas um diferencial competitivo de eficiência e produtividade são muito bem-vindos. É nesse contexto que surge a Inteligência Artificial, para resolver problemas e dores do varejo e trazer economias importantes de custo. A IA promete substituir, com a robótica, uma série de atividades operacionais que nas empresas varejistas são geradoras de custos relevantes, como inventários, atendimento ao cliente, análise de crédito, atividades administrativas e financeiras, entre outras.

Por mais que exista um *hype* a respeito do tema, e seja preciso tomar cuidado para não comprar gato por lebre, o fato é que a IA vem oferecendo soluções para uma série de problemas cotidianos do varejo:

» Na logística, robôs controlados por IA aumentam a velocidade da separação de produtos, movimentando previamente os itens no CD para diminuir o tempo de *picking*;

» A precificação é um dos pontos mais delicados da estratégia do varejo, e aqui a IA contribui para identificar o melhor *price point* de cada produto, para cada cliente.

Dessa forma, torna-se possível realizar promoções altamente personalizadas, com elevado grau de assertividade e preservando as margens do varejo;

» Para combater as rupturas, soluções de IA propõem um monitoramento automático das prateleiras, comparando com o planograma para disparar alertas de reposição;

» No relacionamento do vendedor com o cliente, a IA pode ajudar a identificar possibilidades de engajamento baseadas no contexto, no histórico e em uma série de atributos – do clima às promoções da concorrência;

» Promoções mais assertivas se tornam possíveis com o uso de soluções de Inteligência Artificial capazes de reconhecer padrões de comportamento em grandes conjuntos de clientes;

» A Inteligência Artificial pode melhorar o *mix* de produtos em cada loja e apresentar os produtos que terão maior possibilidade de sucesso junto aos clientes;

» No *checkout*, a tecnologia pode acelerar o reconhecimento de produtos e viabilizar uma redução de custos ainda maior nas soluções de lojas autônomas.

Se existe algo que aprendemos com o desenvolvimento da tecnologia é que ela continua a se desenvolver de forma acelerada. Com o avanço das conexões (o 5G ainda está iniciando sua curva de implementação), o uso intensivo de *cloud computing* e novas arquiteturas de computação (como *edge computing* e computação quântica), a IA se tornará ainda mais acessível. E, com isso, seus impactos serão ainda mais significativos.

A Inteligência Artificial já está presente no dia a dia dos algoritmos que comandam grande parte das operações do varejo – mas seu impacto será seguramente muito maior nos próximos anos. Por isso, este é o momento ideal para você se aprofundar nesse tema.

Diferente de muitas tecnologias que ganharam espaço nos últimos anos, a IA tem características que a tornam única. Com a capacidade de mudar o trabalho, os transportes, os processos de negócios e a vida das pessoas, a IA vem se tornando *mainstream* em um momento que combina argumentos relacionados à redução de custos, aumento de eficiência e ganhos de produtividade a uma combinação de tecnologias como *cloud computing*, 5G e capacidade computacional, que vêm se tornando mais potentes e acessíveis.

A agenda de IA é, ao mesmo tempo, passado, presente e futuro. É passado porque muitas soluções que são fundamentais em nossa vida pessoal e profissional usam IA: Waze, Netflix, Spotify, TikTok, Google... É presente porque o grande gatilho para toda a movimentação atual sobre a tecnologia é a chegada da IA generativa, que oferece aplicações mais explícitas de Inteligência Artificial voltada a textos, imagens, vídeos e aplicativos com interfaces amigáveis. E é futuro porque, com o aumento da capacidade computacional, da velocidade dos dados e da computação em nuvem, teremos uma IA ainda mais potente e presente no nosso cotidiano, transformando profundamente os negócios.

Em no máximo cinco anos, o mundo, as empresas e o varejo não serão mais os mesmos. E a Inteligência Artificial será o grande agente dessa transformação. Ao longo deste livro, você entenderá o tamanho das mudanças que vêm por aí e terá uma visão aprofundada de como o varejo pode aproveitar esse momento.

Para facilitar o entendimento, dividimos este livro em cinco grandes blocos:

» Inicialmente, vamos tratar de **definições, conceitos e história da Inteligência Artificial**. Você perceberá que o tema está presente nas discussões acadêmicas há décadas, mas somente nos últimos anos surgiram as condições ideais para sua viabilização econômica;

» No segundo bloco, vamos discutir quais são as **tecnologias de sustentação da Inteligência Artificial** e qual é o momento de cada uma delas no varejo. A partir dos avanços da capacidade computacional, conectividade e armazenamento, a IA se torna economicamente viável para empresas de varejo;

» O terceiro bloco apresenta diversas **aplicações de IA nas empresas e no varejo.** ChatGPT, Bard e Midjourney são exemplos de uso da Inteligência Artificial que se mostram muito úteis em diversos processos criativos, operacionais, táticos e estratégicos dos negócios. Entender o que são essas ferramentas é essencial tanto para identificar as melhores aplicações quanto para evitar modismos e investimentos desnecessários;

» Na quarta parte deste livro, como tema trago **os impactos da IA sobre os profissionais das empresas**. Quais são as novas competências que a Inteligência Artificial exige e como desenvolver essas competências e habilidades. Você perceberá que a educação tradicional é incapaz de entregar os recursos que serão cada vez mais necessários para os profissionais – mas é nesse momento que inovações têm o potencial de serem disruptivas;

» A quinta parte deste livro, por fim, mostrará os **principais usos e aplicações de IA no varejo**. Estoques, abastecimento, precificação, sortimento, mídia, atendimento ao cliente, crédito, cobrança, recrutamento/seleção, promoções e relacionamento com os clientes são algumas áreas nas quais a Inteligência Artificial já vem pontuando inovações – mas essa é apenas o início de uma profunda e intensa transformação dos negócios de varejo.

Este é um momento especial para os negócios, as empresas e as pessoas. As transformações que a Inteligência Artificial traz para o varejo têm um potencial disruptivo – e é certo que veremos um movimento intenso de adoção de tecnologia e aceleração da transformação digital do setor.

O que não está nem um pouco garantido, porém, é a presença de cada empresa em um futuro cada vez mais impulsionado pela Inteligência Artificial. Quem não tiver as pessoas certas, com as capacidades corretas, e não for capaz de transformar processos de negócios utilizando diversas tecnologias, tudo para automatizar seus negócios e acelerar a coleta de dados dos clientes e seu uso inteligente, acabará ficando para trás. Talvez de forma irrecuperável.

Por isso, meu pedido e minha recomendação a você, que começa a leitura deste livro, é adotar uma postura muito pragmática – não apenas durante as próximas páginas, mas, e principalmente, depois de fechar o livro e arregaçar as mangas. Existem inúmeros caminhos para adotar IA em seu negócio, e a melhor decisão dependerá, acima de tudo, da realidade do seu setor e da sua empresa, da presença (ou ausência) das pessoas, processos e tecnologias necessários para fazer acontecer.

Por isso, cada caminho é único: alinhe a estratégia e siga em frente, de forma objetiva e focada em resultados. Ignore as distrações, deixe de lado os modismos e utilize intensamente os dados. Dessa forma, os ganhos com o uso de IA serão imensos – e você verá a transformação acontecer.

Boa leitura!

Eduardo Terra

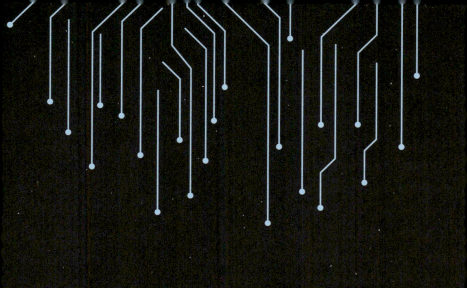

CAPÍTULO 1
INTELIGÊNCIA ARTIFICIAL: CONCEITOS, HISTÓRIA E MOMENTO ATUAL

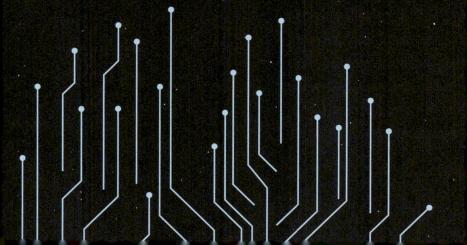

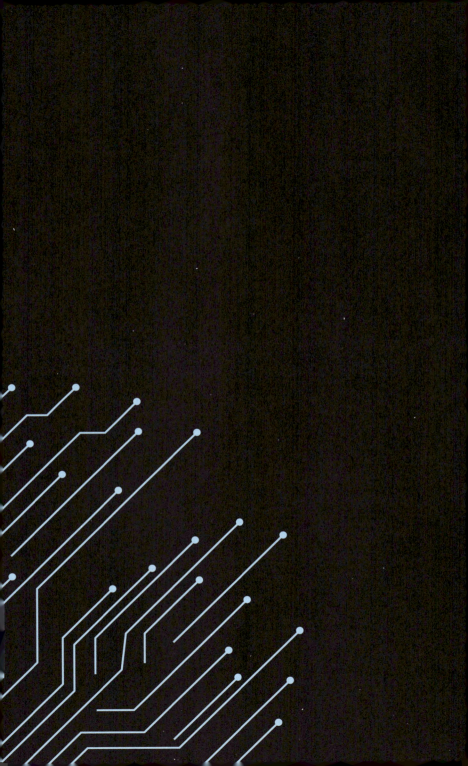

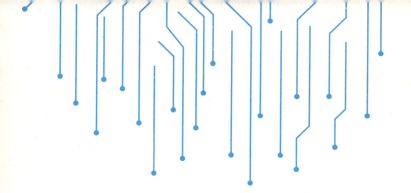

O mundo inteiro convive com um problema – e não é de hoje. De um lado, existe uma demanda cada vez maior por profissionais qualificados. De outro, o sistema educacional prepara os alunos com base em atividades que tinham demanda no passado. Provavelmente, você presenciou essa situação durante a escola e a faculdade, como um profissional júnior e, mais tarde, como gestor de empresas: o mercado demanda qualificações que a academia não consegue oferecer – simplesmente porque ela não foi preparada para isso.

Não importa o país, o sistema educacional tradicional foi desenvolvido para dar suporte a atividades já consolidadas. Um modelo que funcionava muito bem quando havia estabilidade de longo prazo nas competências desejadas – mas hoje não entrega os resultados esperados. Com a digitalização das economias e das empresas se acelerando cada vez mais, o *gap* entre a oferta e a demanda é cada vez maior.

A pandemia colocou uma pimenta extra nesse quadro. Uma parcela imensa dos profissionais não deseja mais voltar aos escritórios e busca modelos mais flexíveis de trabalho. Ao mesmo tempo, gestores nem sempre preparados para lidar com novos modelos organizacionais precisam rever como suas empresas atrairão e reterão profissionais.

Sem exageros, existe uma crise global na gestão de talentos. E onde há crise, há oportunidade. A Amazon, por exemplo, tem "contratado" mais de mil robôs por dia para trabalhar nas mais diversas áreas de sua operação. Atualmente, com 556 mil robôs e 1,59 milhão de colaboradores, se a empresa continuar nesse ritmo de aumento da automação, em sete anos terá mais robôs que seres humanos no negócio.

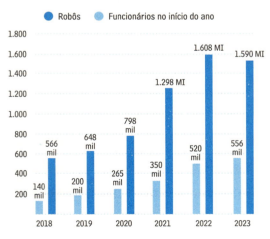

Gráfico Ark Invest Amazon robôs e humanos

INTELIGÊNCIA ARTIFICIAL NO VAREJO

> A AMAZON ESTÁ "CONTRATANDO" MAIS DE 1.000 ROBÔS POR DIA EM TODA SUA OPERAÇÃO.
>
> EM APROXIMADAMENTE SETE ANOS, A EMPRESA TERÁ MAIS ROBÔS QUE COLABORADORES.

[gráfico Ark Invest Amazon robôs e humanos]

E a Amazon não será uma exceção. Um estudo da Universidade de Oxford prevê que, daqui a dez anos, 47% dos atuais empregos serão transferidos para robôs. O *gap* educacional será cada vez maior – e a necessidade de desenvolver novos métodos de treinamento e capacitação para as equipes crescerá ainda mais.

A substituição de homens por máquinas nas empresas não é um futuro distante – e sim uma situação presente. De acordo com o World Economic Forum, até 2025, a automação eliminará 85 milhões de empregos, ao mesmo tempo em que criará outros 92 milhões. Perdem espaço operadores em processos repetitivos e ganham terreno profissões como programadores, *designers* de experiência e até mesmo treinadores de *prompt*. Um claro sinal de que, com a transformação do mercado, novas expressões, competências e habilidades passam a ser mais necessárias.

Em nenhum lugar esse movimento é tão claro quanto no universo da Inteligência Artificial. E o que é muito curioso, esse é um universo cujas origens estão em um passado muito distante.

MAŚ, ANTES, ALGUMAS DEFINIÇÕES

O primeiro passo para causar uma grande confusão sobre Inteligência Artificial (IA) é sair falando dela sem explicar do que se trata. Isso porque IA se tornou um termo genérico para uma infinidade de aplicações que executam tarefas complexas, da comunicação com os clientes à definição de quais produtos apresentar em uma tela para os consumidores, passando por partidas de xadrez.

Muitas vezes, a expressão IA é usada de forma intercambiável com *machine learning* (ML) e *deep learning*, que, na realidade, são subconjuntos da Inteligência Artificial. Todo *machine learning* é uma IA, mas nem toda IA usa *machine learning*: o ML foca na criação de sistemas que aprendem ou melhoram seu desempenho a partir dos dados que analisam.

De forma ampla, a Inteligência Artificial é uma área multidisciplinar, que abrange áreas de conhecimento, como:

» **Ciência da Computação:** fornece as bases teóricas e práticas para o desenvolvimento de algoritmos, modelos e técnicas computacionais que simulam a inteligência humana;

» **Matemática e estatística:** trazem as bases teóricas que realizam a modelagem e a análise dos algoritmos. É daqui que saem conceitos como *machine learning*, redes neurais e processamento de dados;

» *Machine learning:* em bom português, o aprendizado de máquina se concentra no desenvolvimento de algoritmos que dão aos computadores a capacidade de melhorar seu desempenho com base em dados, a partir da aplicação de técnicas estatísticas e de algoritmos de otimização;

» **Ciência cognitiva:** ramo da ciência que estuda os processos mentais e a inteligência humana para compreender e modelar os processos cognitivos e permitir o desenvolvimento de sistemas inteligentes;

» **Neurociência computacional:** ramo que procura compreender o funcionamento do cérebro humano para desenvolver modelos e algoritmos de IA que se comportam como pessoas;

» **Filosofia da mente:** explora questões relacionadas à natureza da mente, consciência e inteligência. Assim, apresenta perspectivas teóricas importantes para o desenvolvimento da IA;

» **Linguística computacional:** ramo que envolve o processamento de linguagem natural (PLN), permitindo que computadores compreendam a linguagem humana, entendam contextos e subtextos e possam apresentar respostas de forma mais parecida à fala dos seres humanos.

Você deve ter percebido que esse conjunto de disciplinas cria um arcabouço baseado na aplicação de regras lógicas aos dados disponíveis (o que podemos entender como "capacidade de raciocínio"), aumento da eficiência a partir do entendimento dos erros e acertos ("aprendizagem"), reconhecimento de padrões visuais, sensoriais e de comportamento e capacidade de aplicar o conhecimento em diversas situações cotidianas ("inferência").

Dito dessa forma, a Inteligência Artificial parece estar presente há muito mais tempo do que o *hype* sobre o ChatGPT nos faz acreditar, não é? Na verdade, como conceito, a IA está presente há muitíssimo tempo.

UMA BREVE HISTÓRIA DA IA

O conceito de Inteligência Artificial pode ser traçado na obra do filósofo grego Aristóteles, que, no século IV a.C., falava sobre substituir a mão de obra escrava por objetos autônomos. Além disso, seu processo lógico de pensamento, em que a partir de premissas era possível desenvolver conclusões, é a base dos algoritmos presentes em qualquer processo computacional atual.

Como área de estudo, a Inteligência Artificial ganha espaço nos anos 1950, como consequência dos avanços da capacidade de processamento de dados e da criptografia na II Guerra Mundial. Em outubro de 1950, o artigo *"Computing Machinery and Intelligence"*, do matemático inglês Alan Turing, começa perguntando se as máquinas podem pensar, para depois mergulhar no que pode ser considerado como máquina e o que significa pensar. Nas páginas seguintes, o autor desenvolve o que ficaria conhecido como Teste de Turing, um marco no conceito de IA.

No mesmo ano, o escritor russo-americano Issac Asimov lançou o conto "Eu, Robô", em que elencava as três regras fundamentais da robótica e dava novo impulso ao ramo da ficção científica em um mundo encantado (também apavorado) com os avanços tecnológicos do pós-Guerra. Quase

20 anos depois, em 1968, a literatura perguntaria se androides sonham com ovelhas elétricas, ao mesmo tempo em que um computador de fala suave assumiria o controle de uma nave espacial para Júpiter e tentaria matar todos os seres humanos que poderiam atrapalhar o cumprimento de sua missão.

As referências a *Blade Runner* (o livro de Philip K. Dick, transformado em 1982 em um dos filmes clássicos de ficção científica) e a *2001 – uma Odisseia no Espaço* (nasceu como filme e foi transformado em livro pelo roteirista Arthur C. Clarke, um dos mais célebres escritores de *sci-fi*) mostram que, em pouco tempo, a ideia de uma inteligência não humana em um nível semelhante à nossa povoou o imaginário popular.

Esse trajeto aconteceu a partir de um caminho tortuoso. Ao mesmo tempo em que os primeiros computadores, construídos em salas enormes e com uma capacidade de processamento ridícula para os padrões atuais, apresentavam sucesso limitado como objetos capazes de efetuar operações matemáticas e não eram percebidos como ferramentas inteligentes, relatos de personagens fictícios construídos pelo homem com inteligência própria aparecem com cada vez mais força na literatura e no cinema. A arte abria espaço para que o ser humano desenvolvesse a tecnologia.

Os primeiros passos na evolução da IA vieram com uma definição acadêmica do assunto, feita por John McCarthy na Conferência de Dartmouth, em 1956: "Inteligência Artificial é fazer a máquina comportar-se de tal forma que seja chamada de inteligente, caso esse fosse o comportamento de um ser humano". No ano seguinte, o *General Problem Solver*, programa desenvolvido por Herbert Simon, J.C. Shaw e Allen Newell, buscava resolver qualquer tipo de equação que pudesse ser colocada em um algoritmo. O conceito de "entrada/processamento/saída" descreve, hoje, os procedimentos mais básicos de qualquer computador, mas, para a época, foi revolucionário: pela primeira vez, um sistema separava o conhecimento dos problemas (os dados) da estratégia para sua solução (o algoritmo).

O *General Problem Solver* era capaz de resolver problemas simples que pudessem ser formalizados de maneira lógica, mas era incapaz de prever o clima ou desenvolver respostas próprias. Ainda assim, foi o primeiro programa a "pensar de forma humana". Mas é apenas com a evolução da capacidade de processamento de dados que a Inteligência Artificial ganhou meios para se tornar uma ciência, com problemas, teorias e metodologias.

Com o aumento exponencial da capacidade computacional (segundo a Lei de Moore, a cada 18 anos a capacidade dos processadores dobra, enquanto seu custo cai pela metade), paulatinamente o desenvolvimento da IA avançou. Nos anos 1980, pesquisas sobre IA foram fortemente custeadas pela DARPA, a agência americana responsável por projetos de pesquisas avançadas sobre defesa, ainda no contexto da Guerra Fria com a União Soviética. Os trabalhos na época não conseguiram produzir resultados imediatos, levando ao "inverno da IA" na década seguinte, em que os projetos avançaram lentamente e o governo americano deu menos foco ao tema.

Ao mesmo tempo, os pesquisadores de IA deixaram de lado metas ambiciosas e passaram a focar em avançar segmentos específicos, como *machine learning*, robótica e visão computacional. Além disso, os investimentos privados ganharam espaço.

Em 1996, um momento marcante nessa evolução foi a primeira partida do desafio entre o computador Deep Blue, da IBM, e o campeão mundial de xadrez Garry Kasparov: pela primeira vez, uma máquina vencia um duelo desse porte. A série de partidas terminaria com a vitória do campeão humano, mas, no ano seguinte, a revanche terminaria com Deep Blue como vencedor.

Desde então, a continuidade do avanço exponencial do processamento de dados levou ao desenvolvimento de áreas como visão computacional, análise de voz, lógica difusa, redes neurais artificiais e muitas outras que estão na base de muitas aplicações que vemos hoje no varejo brasileiro e mundial. Se no início os modelos de IA procuravam reproduzir o conhecimento humano, hoje também incorporaram ideias como criatividade, autoevolução e uso da linguagem natural.

O desenvolvimento da IA nas últimas décadas tem levado a tecnologia ao dia a dia da população. Em 2002, por exemplo, foi lançado o Roomba, aspirador de pó inteligente e capaz de limpar a casa sozinho. Em 2011, surgia a Siri, assistente de voz da Apple, seguida três anos depois pela Alexa, da Amazon.

Atualmente, a IA abrange uma série de campos, como as redes neurais (modelos matemáticos simplificados do funcionamento do cérebro), que permitem identificar padrões e reagir a eles; a robótica, a biologia molecular e a integração com a Psicologia para representar nas máquinas os comportamentos humanos. Em 2017, foi criada no Brasil a Associação Brasileira de Inteligência Artificial (Abria), que mapeia iniciativas brasileiras de IA e ajuda na formação de mão de obra especializada, além de promover a troca de informações entre empresas nacionais e internacionais. Um exemplo claro do papel impactante da IA na economia.

INTELIGÊNCIA ARTIFICIAL NO VAREJO

LINHA DO TEMPO IA

1942
A máquina "Enigma" é criada, dispositivo que permitia códigos cifrados e criptografados a serem enviados na Segunda Guerra Mundial.

1950
Alan Turing publica o primeiro estudo focado em Inteligência Artificial.

1956
John McCarthy usa pela primeira vez o termo Inteligência Artificial no Dartmouth College.

1961
Nasce o primeiro robô industrial o Unimate, criado por George Devol em uma fábrica da Ford.

1964
Nasce Elisa, o primeiro chatbot do mundo.

1968
SHRDLU considerada a primeira plataforma multimodal de IA.

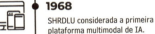

1984
Marvin Minsky e Roger Schank criam o termo inverno de IA para definir a década de 80 referente a essa tecnologia.

1997
Deep Blue derrota o campeão de xadrez Garry Kasparov.

2002
Roomba, primeiro aspirador de pó com IA para casa.

2011
O supercomputador Watson ganha programas de quiz.

2014
Primeira versão da Alexa.

2022
Lançamento do ChatGpt pela OpenAI.

34

SKYNET OU JETSONS?

Como a IA esteve por muito tempo no imaginário popular, duas grandes possibilidades têm sido levantadas para o futuro da tecnologia. A primeira é apocalíptica: uma inteligência que se desenvolve tanto que ganha vida própria e se torna, nas palavras de Stephen Hawking, "a última grande invenção da humanidade". É a Skynet dos filmes do *Exterminador do Futuro*: uma inteligência que nos destruirá.

A segunda visão é muito mais positiva (e, acredito, mais próxima do que veremos acontecer): soluções que melhoram a qualidade de vida das pessoas, geram novas possibilidades e destravam o potencial criativo da humanidade. Essa visão mais próxima dos Jetsons, por sinal, pode ser vista no seu cotidiano.

Se você ainda não experimentou o ChatGPT ou alguma das plataformas que se valem do princípio de IA Generativa para criar textos, imagens e vídeos, recomendo fortemente que faça isso assim que terminar de ler este capítulo. O ChatGPT é um *chatbot* que usa IA para criar conversas e que, apenas dois meses depois de aberto ao público, chegou a 100 milhões de usuários. Para que se tenha uma ideia do que isso significa, o TikTok demorou nove meses, o Instagram 2,5 anos e o Spotify quase cinco anos para chegar a esse mesmo grau de uso.

O potencial criativo do ChatGPT é inegável, e revela algumas das possibilidades que a Inteligência Artificial apresenta para resolver problemas reais do varejo. Empresas têm testado o uso de ferramentas desse tipo no relacionamento com os clientes e, embora a evolução nunca aconteça sem turbulências (questões éticas têm sido levantadas de tempos em tempos, em uma discussão muito positiva); com certeza, a IA se tornará cada vez mais importante para solucionar as grandes questões do setor.

E isso significa que o fator humano ficará em segundo plano? Não acredito. Quanto mais tecnologia é aplicada ao varejo, mais vejo que ela libera os profissionais para atividades mais criativas. Uma mudança que melhora o dia a dia das equipes, que gastam menos tempo em atividades repetitivas e podem agregar mais valor ao processo de venda e ao encantamento dos clientes.

É bom sempre lembrar que, embora a tecnologia seja incrível, ela não é capaz de, sozinha, entregar boas experiências aos clientes. Somente quando os dados se conectam ao fator humano é que a mágica do varejo acontece. É por isso que tenho certeza de que a Inteligência Artificial representa um passo essencial na criação de um varejo cada vez mais humanizado e conectado a seus clientes.

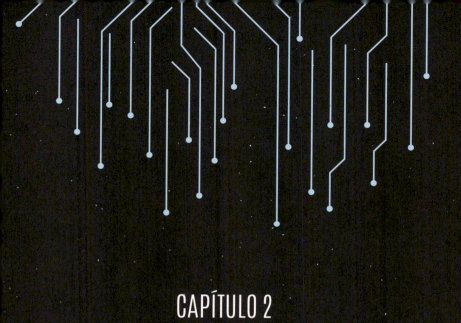

CAPÍTULO 2
IA E SUAS TECNOLOGIAS DE SUSTENTAÇÃO

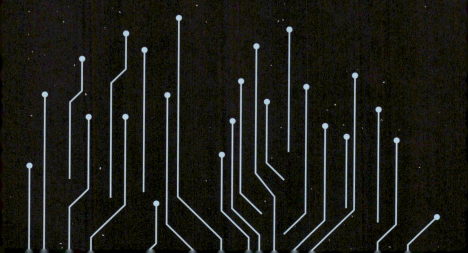

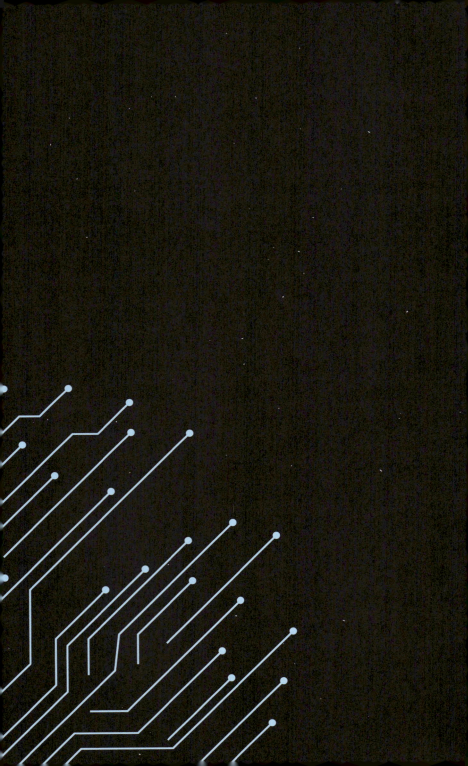

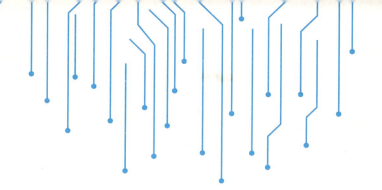

Como vimos no capítulo anterior, a Inteligência Artificial ocupa espaço nas mentes e sonhos da Humanidade desde a Grécia Antiga, embora as tecnologias necessárias para sua viabilidade venham evoluindo somente nos últimos 60 anos. Ainda assim, a evolução não tem sido linear: as expectativas iniciais foram frustradas, depois reposicionadas, novos campos de atuação foram desenvolvidos e, aos poucos, um imenso mosaico foi sendo formado para viabilizar as aplicações de IA.

O *hype* atual sobre a IA Generativa (da qual o ChatGPT é o maior exemplo, mas nem de longe o único) muitas vezes dá a impressão de que em 2022 houve uma grande descoberta, permitindo que a tecnologia saísse dos laboratórios e das universidades e, imediatamente, ganhasse aplicação comercial. Nada está mais longe da realidade do que isso.

Na verdade, existem três grandes razões que levam a Inteligência Artificial a experimentar um novo período de expansão – acredito firmemente que, desta vez, em definitivo:

1) Os **investimentos em IA** se tornaram bilionários nos últimos anos. Fundos de investimento, seja em *venture capital* ou *private equity*, têm feito uma grande diferença, abrindo oportunidades para que empreendedores desenvolvam soluções e façam a tecnologia evoluir;

2) Ainda assim, os **investimentos das *big techs*** têm sido imensos – cerca de três vezes mais que os investimentos de fundos, segundo a McKinsey – e isso faz toda a diferença. Nos últimos anos, as *big techs* foram, praticamente sozinhas, responsáveis pelo crescimento do *valuation* das empresas nas principais Bolsas de Valores globais, e esse capital adicional vem sendo aplicado em projetos ligados ao desenvolvimento da IA – que começam a ser mostrados ao mercado. Alphabet/Google, Facebook, Microsoft e Amazon investem pesado em tecnologias de IA, e não é de hoje: em 2012, a Amazon adquiriu a Kiva, especializada em robôs para Centros de Distribuição, por US$ 775 milhões. Um investimento que já se pagou dezenas de vezes desde então;

3) Ao longo da última década, diversas **tecnologias de IA** têm sido aplicadas no mercado, nem sempre com grande visibilidade. Uma pesquisa realizada pela McKinsey com mais de 3.000 empresas no mundo mostra que 2/3 delas utilizam algum tipo de Inteligência Artificial: *machine learning*, visão computacional, previsão de demanda, análise de dados, robótica, automação de processos em várias áreas da cadeia de suprimentos... A lista é infinita.

Diante desse cenário, 86% dos CEOs ouvidos em um estudo do Gartner Group em 2022 afirmaram que a Inteligência Artificial já se tornou uma tecnologia *mainstream*, ou seja, de larga adoção. Vale fazer uma pausa para refletir um pouco sobre isso: embora somente agora, com o ChatGPT, a IA tenha uma aplicação ao mesmo tempo *sexy* e simples o suficiente para ser entendida pelo grande público, aplicações de retaguarda que viabilizem aumento de eficiência e personalização do relacionamento com o cliente já são consideradas como "parte do jogo".

Para as grandes empresas, Inteligência Artificial não é tendência – é uma realidade. Segundo a Grand View Research, trata-se de um mercado que movimentou US$ 136 bilhões no mundo em 2022 e deverá chegar ao US$ 1 trilhão no fim da década. O crescimento será exponencial: o que você está esperando para mergulhar nesse mundo?

O QUE SUSTENTA A INTELIGÊNCIA ARTIFICIAL?

Em minhas palestras, seminários e reuniões com Conselhos de Administração de empresas em todo o país, é comum que me perguntem como a Inteligência Artificial "de repente" se tornou assunto obrigatório em toda parte. De fato, durante anos foi fácil perder de vista a revolução silenciosa que ganhava força nos bastidores – da mesma forma como uma placa tectônica precisa acumular muita energia para finalmente conseguir se deslocar sobre outra placa e então gerar um terremoto, a IA ficou décadas sendo implementada lentamente, aproveitando pequenos avanços nas condições de mercado. Mas, uma vez que todas as condições estão atendidas, seu avanço tem sido exponencial.

Essa não é uma exclusividade da Inteligência Artificial. Se você observar por algum tempo, perceberá que falamos há bastante tempo de muitas tecnologias que aparentemente não "pegaram", mas que, por algum motivo, continuam sendo discutidas. Alguns bons exemplos: Realidade Aumentada, Realidade Virtual, Metaverso, Hologramas, RFID.

Isso acontece porque, em primeiro lugar, essas tecnologias não "micaram". Em sua evolução, elas amadurecem um pouco e encontram aplicações muito específicas, para as quais suas limitações não são relevantes. Conforme as condições de mercado permitem uma expansão, essas tecnologias vão avançando para outros segmentos e aplicações, ganhando corpo e se tornando mais importantes. Nesse processo, em algum momento, elas passam a "de repente" fazer sentido para muitos negócios.

Foi assim com a automação comercial, com o uso de QR Codes, com a biometria, com a robótica nos Centros de Distribuição – e com a Inteligência Artificial. Enquanto nos preocupávamos em "apagar os incêndios" do dia a dia, as tecnologias evoluíam e se tornavam viáveis para uma quantidade cada vez maior de empresas, até ganharem massa crítica e se tornarem *mainstream*.

No caso da Inteligência Artificial, três fatores se combinaram nos últimos anos para viabilizar a tecnologia nas empresas – e no varejo em particular. Esses três alicerces são os seguintes.

CAPACIDADE COMPUTACIONAL

A Eagle, cápsula que levou os astronautas Neil Armstrong e Buzz Aldrin a pousar na Lua em 1969, na missão Apollo 11, tinha menos capacidade computacional que um relógio de pulso atual, enquanto um *smartphone* básico de 2023 tem uma capacidade de processamento de dados semelhante à de um supercomputador da Nasa de dez anos atrás. Essas comparações mostram claramente a velocidade de desenvolvimento da tecnologia, que se baseia no que ficou conhecido como a Lei de Moore: a capacidade de processamento de dados dobra a cada 18 meses, ao mesmo tempo com uma redução de custo de 50%.

É uma escala exponencial, nem sempre fácil de assimilar. Podemos discutir se vídeos de dancinhas, *memes* e filtros são a melhor aplicação para todo o poder computacional de hoje, mas o fato é que, para quem tem consciência da ferramenta que tem em mãos, o *smartphone* pode ser um recurso incrível.

E é claro que esse processo não termina hoje: as próximas gerações de equipamentos serão ainda mais poderosas, processando dados a uma velocidade ainda maior e viabilizando aplicações que hoje nem imaginamos.

Estamos iniciando uma nova revolução, que atende pelo nome de computação quântica. Ela deverá aumentar em milhares de vezes a capacidade de processamento de dados que temos hoje, permitindo, por exemplo, renderizar vídeos de altíssima resolução de forma instantânea, ou realizar cálculos extremamente complexos em questão de segundos.

Do ponto de vista da Inteligência Artificial, esse aumento no poder computacional significa uma capacidade crescente de lidar com quantidades astronômicas de dados e identificar correlações e causalidades (efeitos de causa e consequência) em populações inteiras. Dessa forma, a personalização total do relacionamento com o cliente se torna algo tão básico quanto fazer um Pix hoje. Até poucos anos atrás, a capacidade computacional era, de fato, um gargalo importante no avanço da IA, principalmente dessa IA que estamos vivenciando agora, com uso comercial e de grande escala.

ARMAZENAMENTO DE DADOS

Com o aumento do poder computacional das máquinas, aumenta também a necessidade de armazenar dados pré e pós-tratamento. Nos últimos dois anos, foram produzidos 98% de todos os dados da História humana – o que é algo assombroso e, ao mesmo tempo, incrível!

Somos rastreados o tempo todo, em nossos celulares, *smartwatches*, televisores, GPS do carro, aplicativo do banco, nas páginas que acessamos, em nosso comportamento de compra etc. Câmeras filmam os clientes nas lojas e realizam a identificação biométrica, viabilizando pagamentos sem cartão. Sistemas rastreiam os clientes dentro da loja e permitem que lojas autônomas funcionem. E tudo isso gera uma quantidade imensa de dados que devem ser armazenados em algum lugar, de maneira segura.

A IBM estima que diariamente o mundo gere 2,5 quintilhões de dados (quintilhão = 18 zeros). No varejo, calcula-se que 400 petabytes de dados sejam gerados a cada hora, entre informações de produtos, transações e clientes. Simplificando, 1 petabyte equivale a 1 milhão de gigabytes. Lembro que, há uns 30 anos, o Walmart, já naquela época o maior varejista do mundo, orgulhava-se de ter um *Data Warehouse* de 1 terabyte, que armazenava as informações das transações dos clientes e dava uma grande vantagem competitiva à empresa na hora de definir o estoque de cada PDV. Hoje, qualquer computador tem uma capacidade de armazenamento maior.

Com o aumento da capacidade, é claro, vem a redução do custo do armazenamento. Aquele *Data Warehouse* do Walmart custou milhões de dólares – um notebook sai hoje por menos de mil reais. Em 1972, o armazenamento de 1 megabyte custava US$ 1 milhão, enquanto, hoje, exige US$ 0,20, ou 0,0000002% daquele valor.

CONECTIVIDADE

O terceiro elemento que viabiliza o crescimento da Inteligência Artificial no varejo e no mundo é o avanço da conectividade. A IA é, de forma muito básica, um mecanismo que recebe quantidades imensas de dados e processa essas informações para obter *insights* relevantes para os negócios. Ter uma grande capacidade de trabalhar dados é essencial, mas quanto mais informações forem recebidas, melhor. E a conectividade é fundamental para viabilizar essa "avenida de dados".

O catalisador da nova fase da conectividade global atende pelo nome de 5G. Não se trata apenas de "uma Internet mais rápida", embora ela entregue conexões dez vezes mais velozes, com um período de latência mínimo. Enquanto o 4G viabilizou o acesso em larga escala a aplicativos como Uber ou videoconferências via celular, com o 5G a comunicação se exponencia.

Como a comunicação 5G é compatível com uma ampla gama de equipamentos, sensores e dispositivos *wearable*, ela permite a obtenção de uma quantidade de dados exponencialmente maior, viabilizando, por exemplo, uma infraestrutura inteligente de trânsito que interaja com carros autônomos para ajustar em tempo a fluência do tráfego nas cidades. Ou ainda, a criação de cadeias de suprimentos em que a Inteligência Artificial ajusta a produção de acordo com a demanda e o registro preciso de hábitos e preferências dos clientes, melhorando a oferta, as promoções e os processos comerciais do varejo.

Implementada nesse momento em que Inteligência Artificial, *machine learning* e *blockchain* estão suficientemente maduros, a ultraconectividade do 5G trará um repensar de produtos, serviços e modelos de negócios no varejo e na indústria.

A base de usuários do serviço 5G no mundo deverá mais que triplicar até 2027, atingindo o patamar de 2,3 bilhões de conexões, conforme projeções da Bain & Company. No Brasil, já operamos com mais de 14.000 antenas em mais de 300 municípios e a estimativa é de que o total de clientes conectados à rede 5G no país chegue a aproximadamente 100 milhões ao fim de 2027, ante os 12,7 milhões contabilizados pela Agência Nacional de Telecomunicações (Anatel) em julho de 2023.

Estamos em um momento especial. Um momento que combina transmissão de dados em alta velocidade, ampla capacidade de coleta e armazenamento dessas informações e a capacidade de fazer o processamento dos dados para gerar inteligência para o varejo. É por isso que a Inteligência

Artificial vem avançando rapidamente, ocupando espaços nas mais diversas áreas de negócios em todo o mundo.

IA: É NECESSÁRIO QUEBRAR BARREIRAS

As condições essenciais já estão colocadas. A tecnologia de *cloud computing* oferece processamento de dados e armazenamento de informações *on demand*, em tempo real, a um custo bastante acessível para empresas de todos os portes. Com isso, a Inteligência Artificial tende a amadurecer rapidamente nos mais diversos mercados. Ignorar essa evolução pode ser fatal para os negócios – mas se você está lendo este livro, acredito que já tenha entendido que é hora de colocar o pé no acelerador.

Ainda que as condições sejam favoráveis, a maioria das empresas tem encontrado muita dificuldade em fazer a IA acontecer em seus negócios. Como resultado, frequentemente vemos projetos-piloto sendo desenvolvidos para uso em processos específicos de negócios, com dificuldade em serem escalados para toda a empresa em seguida. O resultado dessa equação são alguns ganhos incrementais e algum aumento de eficiência, mas ainda muito localizados. É possível fazer mais.

O potencial existe – empresas *data driven* obtêm resultados muito melhores do que companhias pouco automatizadas ou que confiam mais na intuição do que no poder dos dados. Entretanto, os dados ganham das opiniões – sempre. Se você tem uma forte intuição, um concorrente está atuando com base em dados, multiplicando conhecimento e obtendo uma quantidade exponencialmente maior de *insights* sobre os clientes.

Para transformar o potencial em realidade, é necessário quebrar sete barreiras que têm amarrado as empresas a um passado que já não traz resultados:

1) Abrace o poder dos dados em cada decisão

Empresas que colocam os dados no centro de todos os processos de negócios tomam melhores decisões, pois têm informações mais completas sobre o ambiente, a concorrência e os clientes. Utilizar mais dados também leva a automatizar processos do dia a dia, libertando os colaboradores para cuidar de aspectos mais humanos do negócio – como atender bem os clientes.

Uma cultura focada no uso dos dados leva à melhoria contínua e ao aprendizado constante, aumentando o diálogo na empresa, gerando experiências positivas para as equipes e para os consumidores.

2) Processe e entregue dados em tempo real

Hoje, apenas uma parcela (pequena) dos dados gerados em dispositivos de IoT, *smartphones*, câmeras e plataformas transacionais é processada e analisada em tempo real pelas empresas. Isso acontece, em grande parte, pela existência de pesados sistemas legados, incapazes de fazer esse processamento instantâneo de informações: por muito tempo, era preciso escolher entre velocidade e intensidade – ou se processavam poucos dados rapidamente, ou muitos dados em momentos determinados. Essa estrutura inibe a realização de análises sofisticadas em tempo real.

Nos próximos anos, porém, a disseminação da conectividade 5G facilitará a coleta e análise de dados em alta velocidade, fazendo com que sistemas de IA cada vez mais poderosos, baseados em *cloud computing,* recebam quantidades cada vez maiores de dados e possam devolver respostas em tempo real. O resultado será dramático para a transformação da experiência de compra dos consumidores.

3) Tenha uma estrutura de dados flexível

A maior parte dos dados disponíveis para uso pelas empresas está em formatos não estruturados ou semiestruturados, enquanto os sistemas legados estão organizados para lidar com dados estruturados, em formatos rigidamente organizados. Como resultado, os cientistas de dados das empresas investem muito tempo trabalhando as bases de dados para "traduzir" e criar estrutura para dados não estruturados. Com frequência, esses ajustes são feitos a partir de processos manuais e não padronizados, que não são escaláveis e estão sujeitos a erros.

Contar com uma estrutura flexível de dados, que dê suporte a diversos tipos de dados e facilite a inter-relação das informações, fará toda a diferença. Com os avanços no processamento de dados em tempo real e arquiteturas de dados 360 graus (que coletem e analisem informações de diversas fontes e formatos), aumenta a possibilidade de aproveitamento de dados em tempo real pelas empresas.

4) Dados também podem ser um produto

Os dados tradicionalmente são organizados nas empresas em silos, de forma separada, impedindo a criação de uma visão unificada dos clientes. Assim, os usuários têm mais dificuldade em encontrar, acessar e tirar conclusões a partir dos dados existentes. Para analisar dados em tempo real, é preciso unificar as bases de informação nas empresas, o que gera um efeito colateral positivo: a possibilidade de "produtar" esses dados para agilizar seu uso dentro das empresas – e até mesmo em colaboração com parceiros, nos casos permitidos pela LGPD.

5) Faça o time de TI agregar valor ao negócio

Essa é uma discussão antiga no mundo dos negócios. Com o desenvolvimento da tecnologia, as áreas de TI passam a ser cada vez menos um centro de custo e, cada vez mais, um alicerce para projetos disruptivos que agreguem valor ao negócio. Para que isso aconteça, porém, o diretor de TI precisa fazer parte das decisões estratégicas, uma vez que a inovação passará, necessariamente, por novas maneiras de organizar, processar e analisar os dados recebidos pela empresa. O compartilhamento dos dados, o desenvolvimento de novos serviços e a monetização das informações terão um papel cada vez mais importante – mas isso só acontecerá se a TI fizer parte das decisões estratégicas.

6) Construa um ecossistema de dados

Disse há pouco que o normal é que os dados estejam organizados dentro das empresas em silos, muitas vezes com várias versões da mesma informação em diferentes áreas, sendo trabalhadas de formas diferentes. Se é assim "da porta para dentro", imagine no relacionamento com parceiros, clientes e fornecedores.

Uma área de grande potencial de transformação é o uso dos dados de forma compartilhada, criando ecossistemas que facilitem a geração de *insights* e deem mais transparência ao relacionamento entre varejo e indústria.

Os *marketplaces* de dados se tornarão mais frequentes, criando uma dimensão completamente nova para a Inteligência Artificial e expandindo seus benefícios. Em vez de trabalhar com uma base de dados restrita, o varejo poderá integrar informações desde o plantio do alimento até o descarte, ampliando exponencialmente sua capacidade de gerar conhecimento, *insights*, eficiência e produtividade.

7) Automatize para ter segurança, privacidade e resiliência

Segurança e privacidade de dados costumam ser vistas a partir de um olhar de *compliance*: é necessário cumprir regulamentações que, com frequência, não se adaptam às necessidades das empresas ou a particularidades de cada segmento. O acesso aos dados e os processos de segurança costumam ser estabelecidos manualmente, o que pode levar a erros e gera lentidão. A recuperação de dados também é mais custosa e lenta, o que pode ser uma questão complicada se houver algum problema (ou se a empresa for *hackeada*).

Estamos vivendo um processo em que privacidade e segurança estão deixando de ser *compliance* para serem encaradas como competências do negócio – que precisam se tornar cada vez mais eficientes. A automação da coleta, privacidade e segurança da informação diminui a realização de processos manuais, traz mais velocidade e aumenta a produtividade das equipes.

O resultado, na relação do varejo com o consumidor final, aparece na facilidade de cadastro, uso e remoção de informações, garantindo o *compliance* e acelerando a adoção de futuros serviços e fontes de dados.

Esses pontos mostram que, em uma visão de tecnologia e uso de dados, existe um caminho a ser percorrido pelas empresas. Uma jornada que não é simples e que exigirá novas competências e habilidades dos profissionais. Chegar a esse ponto exige repensar o papel da TI nas empresas, a organização dos dados e, certamente, promoverá investimentos em novas tecnologias. Fazer o *upgrade* dos sistemas legados nem sempre será possível – ou será financeiramente viável. Essa é uma transformação necessária para destravar o poder da Inteligência Artificial no varejo.

Mas, além das questões tecnológicas, nunca ignore um aspecto essencial para os negócios: o papel da cultura organizacional em fazer com que a transformação aconteça.

CULTURA: O FATOR QUE FAZ A DIFERENÇA

Entendo por que as empresas costumam focar nos aspectos tecnológicos da adoção de Inteligência Artificial e da criação de negócios baseados em dados: é preciso aprender novos conhecimentos, reestruturar a empresa e investir tempo e dinheiro em temas que passam longe do dia a dia do varejo. Mas toda essa discussão precisa andar lado a lado com a transformação cultural do negócio.

Mudar a cultura corporativa faz toda a diferença no sucesso da transformação digital do varejo. Esse é um ponto inegociável. O problema é que mesmo o lado *tech* da transformação dos negócios está sujeito às idas e vindas da economia. Desde a pandemia, por exemplo, os investimentos em transformação digital foram considerados prioritários por varejistas em todo o mundo. A tecnologia passou a ser vista como um passo fundamental para crescer. Desde o segundo semestre de 2022, porém, ficou nítida a "puxada de freio" da agenda de transformação digital das empresas.

Com a instabilidade política e econômica do Brasil, projetos internos de transformação perderam espaço no orçamento de 2023 de grande parte do varejo, foram colocados em banho-maria ou deixados de lado. O que era "prioridade número 1" passou para "vamos aguardar a situação melhorar", mostrando que, na realidade, a transformação do negócio era, para muita gente, a moda do momento.

O que não ficou claro para alguns é que esse é um tema estratégico de longo prazo que precisa ser desenvolvido desde já. Esperar para depois significa perder o passo. É por isso que costumo afirmar que a transformação digital do varejo precisa começar no Conselho de Administração das empresas e ter o endosso de todo o C-level. Em momentos mais conturbados e instáveis, as empresas que incorporaram o digital à sua cultura não colocaram na gaveta seus projetos. Mesmo que a prioridade de alguns projetos tenha mudado, o impulso à transformação digital precisa continuar sendo firme.

Esse impulso passa pelo investimento de tempo e recursos nas mudanças culturais e organizacionais que levam a tecnologia em geral – e a IA em particular – a ganhar escala e ser disseminada por todo o negócio, gerando mais valor. Em empresas com uma cultura digital sólida, os projetos-piloto são adotados amplamente e são desenvolvidos rapidamente, de forma consistente, gerando resultados escaláveis.

Mas como gerar essa cultura que faz o time abraçar a transformação, entender o valor do uso da Inteligência Artificial e buscar novas formas de ser mais produtivo e eficiente? Entendo que pelo menos três mudanças na gestão das pessoas sejam essenciais:

1) Crie um ambiente de colaboração

Empresas que crescem mais rápido e se digitalizam são empresas que deixam de lado a mentalidade de competição interna e adotam um paradigma de colaboração. As atividades deixam de ser feitas dentro de cada departamento, seguindo regras, processos e indicadores específicos, e passam a acontecer de forma interdepartamental, envolvendo competências, habilidades e visões diferentes.

Quando as áreas de negócios, operações e tecnologia atuam lado a lado em um projeto, o resultado é uma diversidade de perspectivas, que torna mais fácil que as iniciativas atendam aos objetivos estratégicos do negócio e às necessidades dos consumidores. Trabalhar em equipes multidisciplinares diminui o efeito das limitações de cada departamento ou a tendência a se manter na zona de conforto.

2) Decida com base em dados

Um segundo aspecto fundamental nessa mudança de cultura é fazer com que a tomada de decisões deixe de acontecer com base naquilo que o "chefe" acredita ser melhor e passe a ocorrer com base nos dados disponíveis. Decisões baseadas em dados são mais transparentes e lógicas, ao mesmo tempo em que contemplam diversas visões que, pelo modelo tradicional de decisão, seriam ignoradas pelos vieses e preconceitos que todos nós temos.

Essa não é uma mudança simples, já que líderes inseguros tendem a querer reforçar seus controles com base no "faça como eu mando". É preciso trabalhar o *mindset* da liderança para superar essas questões e abraçar os *inputs* que são gerados pelas grandes massas de dados coletadas e analisadas pelos sistemas de Inteligência Artificial.

3) Seja ágil e aceite o risco

Os processos tradicionais de trabalho são aversos a riscos e desenvolvem processos rígidos para diminuir a possibilidade de erros. O problema é que eles jogam o bebê fora com a água do banho: crie um sistema rígido, imune a erros, e você criará algo que não conseguirá se adaptar às transformações do mercado.

Em um mundo VUCA (volátil, incerto, complexo e ambíguo, na sigla em inglês), a rigidez leva ao insucesso. É preciso abraçar outra mentalidade, de experimentação constante, aprendizado contínuo e testes frequentes. Do desenvolvimento de produtos à criação de diferentes formatos de loja ou à definição do sortimento do ponto de venda, o varejo tem muito a ganhar com a adoção de metodologias ágeis.

Uma vantagem adicional do uso de metodologias ágeis é o estímulo dado à inovação interna. Os colaboradores ganham o poder de experimentar, sabendo que erros catastróficos poderão ser evitados – e isso empodera os times a explorar novos caminhos.

Um recado importante: lembre-se de dar tempo ao tempo. Mudanças culturais não acontecem da noite para o dia e precisam de reforço constante. Hábitos de longa data precisarão ser substituídos por novos modelos, o que sempre causa insegurança. Acolha os momentos de insegurança que todos no time terão e foque no processo de transformação, buscando primeiro os ganhos mais simples para quebrar barreiras. Pequenos resultados mostram que resultados maiores serão possíveis. Por isso, caminhe um passo por vez, mas caminhe depressa para fazer a transformação acontecer no seu negócio.

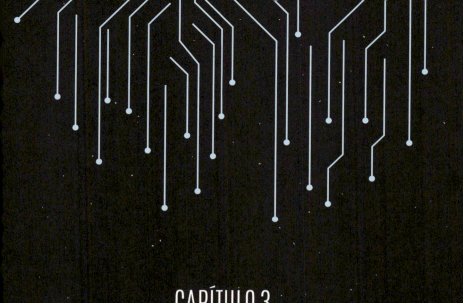

CAPÍTULO 3
AS DIVERSAS FORMAS E APLICAÇÕES DE IA

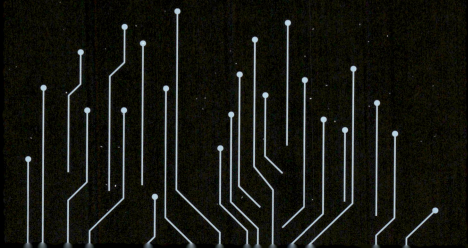

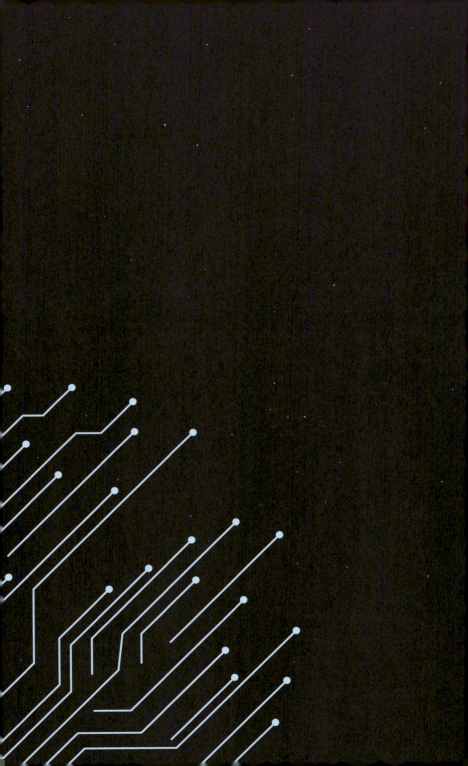

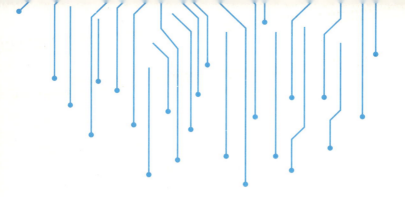

Estamos vivendo um momento de enorme efervescência tecnológica. A Inteligência Artificial passou a ocupar o centro das discussões sobre inovação, novas oportunidades de negócios, revisão de processos operacionais e diferentes visões sobre o futuro das empresas. Até que ponto a tecnologia conseguirá fazer jus a esse *hype* todo? – essa é a grande questão que veremos respondida nos próximos anos.

Existem visões extremamente otimistas sobre o papel da Inteligência Artificial. Um bom exemplo é um manifesto publicado em outubro de 2023 por Marc Andreessen, cofundador da a16z, uma das maiores gestoras de capital de risco do mundo. Em um tom quase utópico, Andreessen aborda temas que vão do desenvolvimento da IA à expansão da população global e argumenta que desacelerar a evolução da Inteligência Artificial (como tem sido proposto por entidades, países, cientistas e empresas preocupados com possíveis consequências imprevistas) equivaleria a cometer assassinato, uma vez que ela permite salvar vidas e a tecnologia será a principal força do progresso da humanidade nas próximas décadas.

Não é à toa que o manifesto se chama "Techno-Optimist Manifesto": é um texto extremamente otimista sobre as possibilidades do uso da tecnologia em geral (e da IA em particular) para transformar nossa sociedade e criar um mundo melhor. Argumentando que existem 3 formas de gerar crescimento e que duas delas têm limites (crescimento populacional e uso de recursos naturais), Andreessen afirma que o desenvolvimento tecnológico é a única forma sustentável de destravar crescimento para o mundo.

Difícil discordar, uma vez que as grandes evoluções tecnológicas aconteceram para solucionar problemas da humanidade – do fogo à Internet. Mas daí a defender que o livre mercado é a única forma de garantir que a Inteligência Artificial será usada para o bem dos seres humanos e do planeta vai uma grande distância. Embora polêmico, o posicionamento de Andreessen (que já havia sido manifestado em um artigo de junho de 2023 chamado "Por que a IA vai salvar o mundo") é um reflexo claro do tamanho da empolgação com as possibilidades da tecnologia. E do quanto a evolução da IA depende de um imenso diálogo de toda a sociedade.

Recomendo a leitura desses dois textos (veja a bibliografia no final do livro), pois eles são um indicativo importante do potencial da Inteligência Artificial e de muitos de seus riscos. Fazer com que os benefícios superem de longe os benefícios será essencial para que a IA cresça, se torne cada vez mais importante para empresas e pessoas, e passe a ser um componente tão fundamental da sociedade quanto a água, a energia elétrica ou a Internet.

Essa questão dos riscos e benefícios vem sendo percebida pelos principais líderes empresariais mundiais. Segundo o estudo Outlook Pulse, publicado pela EY em julho de 2023 a partir de entrevistas com mais de 1.200 CEOs de empresas com receita acima de US$ 1 bilhão por ano em todo o mundo (cerca de 50 no Brasil), os executivos veem a Inteligência Artificial como um misto de ganhos e preocupações sociais e éticas. Embora a adoção da IA aconteça como uma força positiva, visando a ganhos, está claro que é preciso estar atento a consequências desconhecidas e não intencionais do uso da ferramenta.

De ataques cibernéticos cada vez mais eficientes à construção de *fake news* muito difíceis de serem identificadas, a

Inteligência Artificial tem um enorme potencial para causar problemas políticos, econômicos e sociais. Ao mesmo tempo, as possibilidades de aumento de eficiência, produtividade e liberação das equipes para realizar atividades mais estratégicas e criativas – e menos operacionais – impulsionam a busca por novas soluções, criando um ambiente fértil para a inovação.

HORA DE FAZER UM ALERTA

Pelo menos entre as grandes empresas, não existe dúvida sobre Inteligência Artificial. O estudo da EY que citei há pouco mostra que somente 12% dos CEOs entrevistados no Brasil não pretendem fazer nenhum investimento significativo de capital em inovação de produtos e/ou serviços impulsionados pela IA. Cerca de um terço ainda não fez investimentos significativos, mas pretende fazer em 2024, enquanto pouco mais da metade já desenvolve iniciativas importantes a partir da tecnologia.

Como costuma acontecer com tecnologias emergentes (e a IA, apesar de seu longo histórico de desenvolvimento, é emergente no ambiente de negócios), o futuro ainda não está escrito. Agora é a hora de testar as soluções, entender como a Inteligência Artificial funciona, criar o "letramento digital" necessário e estimular a geração de ideias. Ao mesmo tempo, é preciso tomar cuidado com o *compliance*, com a segurança das informações e com efeitos indesejáveis.

Um bom exemplo tem sido o uso do ChatGPT no ambiente corporativo. É uma ferramenta com uma capacidade enorme de gerar textos semelhantes aos de pessoas reais, utilizando bases de dados disponíveis on-line para criar argumentações. Ele agiliza imensamente a atividade de produção de textos básicos, mas não substitui o papel humano na análise das informações – afinal de contas, o sistema pode "alucinar" e fazer conexões de informações simplesmente falsas.

Outra questão é inserir na base de dados da ferramenta informações que deveriam ser sigilosas. Foi o que aconteceu em 2023 com a Samsung, que teve dados internos vazados por engano por profissionais que, de forma desavisada, utilizaram informações ainda não abertas ao público para alimentar a Inteligência Artificial. O uso de uma tecnologia nova tem dessas coisas – e o treinamento das equipes, o entendimento do *compliance* corporativo e a clareza nas regras de uso das ferramentas são essenciais para mitigar riscos.

É preciso estar atento ao que vem sendo chamado de "Shadow AI" – a implementação não oficial ou não supervisionada de sistemas e aplicativos de Inteligência Artificial em uma empresa, sem o conhecimento ou a aprovação dos times de TI, *compliance* e Segurança da Informação. A evolução rápida do mercado de IA, aliado à pressão por resultados, pode levar profissionais a utilizar ferramentas de Inteligência Artificial sem levar em conta o impacto sobre a proteção dos dados da empresa e dos clientes. Em tempos de LGPD, esse pode ser um erro caríssimo.

Tecnicamente é possível controlar o acesso a essas ferramentas, mas essa será uma corrida ingrata se a empresa não tiver uma cultura que faça o profissional entender as possibilidades de uso de cada tecnologia e avaliá-las à luz da segurança e da proteção aos dados dos clientes.

O exemplo do ChatGPT mostra que uma ferramenta pode ser ótima para uma determinada aplicação, mas ela não é, de forma alguma, um "canivete suíço" que resolve todas as situações. Acreditar que a automação resolve tudo é tão simplista quanto enganoso. É evidente que o uso da IA Generativa torna a geração de e-mails, textos longos, relatórios e roteiros muito mais ágil, e que o uso de uma série de outras ferramentas de IA (das quais falaremos mais adiante neste capítulo) também tem um impacto poderoso em outros segmentos. Mas a questão é muito mais profunda do que a substituição ou eliminação de cargos e salários.

Pensar na IA como uma ferramenta de automação do negócio pode ser tentador para o mercado financeiro ou para a maximização do valor ao acionista, mas a essa altura já deveria estar claro que existe muito mais do que otimizar o balanço das empresas. O capitalismo consciente, a preocupação com os aspectos ESG do negócio e a construção de um propósito para as marcas dependem de pessoas – gente se conecta com gente, e não somente no varejo.

É cedo demais para prever o que vai acontecer com a IA nos próximos anos. Da mesma forma que, em 1895, havia uma grande empolgação com os "cavalos com rodas" que começavam a percorrer as ruas das grandes metrópoles mundiais e ninguém imaginaria que eles se tornariam os carros que dirigimos hoje. Se ainda hoje é complicado prever o que será dos próprios carros daqui a uma década, imagine de uma tecnologia que só está se tornando *mainstream* agora.

Além do mais, a IA Generativa, da qual o ChatGPT é o grande expoente, é somente uma pequena fração do grande campo da Inteligência Artificial, interagindo com diversas outras disciplinas que estão em diferentes estágios de evolução. Em vez de tentarmos adivinhar o que virá, ou qual é o potencial de geração de valor da tecnologia, é hora de entender como usar essas ferramentas – de forma confiável, integrada aos modelos de negócios atuais, e gerenciada para garantir o respeito às questões regulatórias e ao *compliance* das empresas.

Minha sugestão para você que está tentando entender o mundo da IA, ou que já está empolgado e quer transformar seu negócio para ontem: vá com calma. A tecnologia amadurecerá muito nos próximos anos e a única certeza é que veremos uma quantidade incrível de disrupções. Nesse cenário, quem focar em ganhos imediatos perderá de vista a maior transformação de todas: as mudanças em todo o ecossistema de negócios que mudarão as regras do jogo no mundo inteiro.

A evolução da Inteligência Artificial naturalmente demandará a reinvenção de diversos segmentos de negócios. Será necessário evoluir sempre, mas sem correr o risco catastrófico de apostar todas as fichas em uma única ferramenta ou implementar sistemas que ainda não estão suficientemente maduros em setores nos quais os próprios clientes ainda não estão maduros para o uso da tecnologia. Pessoas, processos e tecnologias precisam avançar juntos para que a transformação aconteça.

O COMEÇO É SEMPRE UMA BRINCADEIRA

Se você tem mais ou menos a minha idade, era um jovem, talvez saindo da universidade, quando a Internet comercial chegou ao Brasil. Nessa época, era difícil encontrar alguma aplicação de negócios que fizesse sentido: a lentidão das comunicações tornava bem difícil fazer compras on-line, e mesmo um extrato bancário ou uma transferência eletrônica estava sujeito às oscilações do seu modem.

As principais aplicações iniciais da Internet foram em áreas mais ligadas ao entretenimento. Salas de bate-papo e aplicativos de mensagens (o ICQ...), redes sociais para troca de mensagens (lembram o Orkut?), blogs pessoais e games bem simples eram algumas das poucas possibilidades então disponíveis. E que negócio "sério" se disporia a colocar sua reputação em risco ao oferecer uma experiência on-line abaixo das expectativas?

Nesse período, era muito comum pensar na Internet como uma coisa só para *nerds*, ou para jovens, ou ainda somente para *gamers*. A revolução digital ainda estava nos seus primeiros passos e os grandes eventos de negócios consideravam aquilo tudo como uma mera curiosidade. Muitas vezes, uma curiosidade extremamente empolgante – mas, ainda assim, uma curiosidade.

Pois bem: esse roteiro vem se repetindo desde que o mundo é mundo. Pense em qualquer inovação e você verá isso acontecer. Foi assim, por exemplo, com a primeira máquina a vapor, na Inglaterra do século XVIII. E foi assim ano retrasado com os NFTs ou com o Metaverso.

O que nem sempre enxergamos é que os primeiros exemplos, às vezes pouco funcionais, de uma tecnologia são apenas um esboço de algo que tem grande futuro. Os efeitos de computação gráfica do início dos anos 70 deixavam (muito) a desejar, mas sem eles não teríamos a indústria de cinema de hoje. As imagens feitas hoje a partir de um *prompt* em aplicativos como o Dall-E têm um grau muito maior de refinamento, é verdade, mas muita gente olha para as ferramentas de IA Generativa como passatempos interessantes.

Tenho um desafio a fazer para você: quando terminar este capítulo, passe algum tempo usando as ferramentas de IA que citaremos mais adiante. Mas mantenha um olhar bem aberto: em vez de pensar em como cada uma delas poderia ser aplicada hoje a seu negócio, vislumbre como uma versão 2.0, 3.0, 10.0 delas transformará o varejo ou seu segmento de atuação. Faça um exercício consciente de ignorar temporariamente os defeitos, as dificuldades e possíveis atritos na experiência de uso (embora hoje a maior parte das ferramentas seja muito simples de usar – e até por isso mais surpreendentes ainda). Em vez disso, foque no potencial de transformação.

Garanto que essa experiência será transformadora. Digo por conhecimento próprio. Nos últimos anos, tenho tido uma postura ativa de experimentar toda nova tecnologia, mesmo que não tenha aplicação prática para mim naquele momento. Dessa forma, não me mantenho fechado no ambiente de varejo ou nas limitações atuais dos negócios – em vez disso, me abro para as possibilidades. Perguntar "como seria se?" ou "por que não?" faz maravilhas para percebermos nossas limitações e o quanto podemos evoluir.

IA GENERATIVA PARA ALÉM DO CHATGPT

Para apontarmos caminhos e algumas das aplicações de Inteligência Artificial que vêm crescendo, vale a pena entender um pouco da tecnologia por trás da "mágica" da IA Generativa. Ferramentas como Midjourney, DALL-E e ChatGPT usam as Generative Adversarial Networks, ou GANs: redes neurais que aprendem os padrões de construção de informações para gerar respostas únicas, inéditas e realistas. Essas redes neurais conseguem utilizar conhecimentos transmitidos de máquina para máquina, de maneira autônoma, sem depender ou "avisar" os seres humanos. Suas redes neurais são, ao mesmo tempo, a fonte criadora dos dados e o recurso discriminador, que valida os dados gerados.

Nesse universo que está a tecnologia GPT (*Generative Pre-Trained Transformer*). Ela permite gerar textos, imagens, áudio, apresentações e diversos outros formatos de conteúdo, ainda com diferentes (e, às vezes, inconsistentes) graus de eficiência, qualidade e veracidade.

Alguns dos exemplos de aplicações utilizando IA Generativa (e que vale a pena experimentar, para entender o potencial dessas ferramentas) são os seguintes.

PARA TRANSFORMAR SUAS APRESENTAÇÕES

Quem nunca desejou que seus PPTs ficassem mais incrementados, que atire a primeira pedra. Durante muitos anos, o PowerPoint foi uma das poucas opções para a produção de apresentações – o que limita as possibilidades narrativas em palestras, demonstrações de resultados, treinamentos e outras aplicações que tipicamente usam PPTs.

A Inteligência Artificial Generativa traz novas possibilidades para a construção de apresentações. Entre as ferramentas desenvolvidas nos últimos anos estão:

BeautifulAI

A plataforma BEAUTIFULAI apresenta modelos automatizados de slides e pode evoluir para apresentações completas, com resultados bem profissionais. Na página principal, é possível testar possibilidades com assuntos específicos. Além das inúmeras apresentações com temas já no banco de dados da ferramenta, é possível sugerir novos temas no campo *"Make your slide with AI"*. A plataforma oferece integrações com Dropbox, Webex, Slack e Power Point, entre outras funcionalidades. O custo? A partir de US$ 12 por mês (em outubro de 2023).

SlidesAI

Disponível em português, a ferramenta SLIDESAI é capaz de gerar uma página de apresentação em alguns segundos a partir da inclusão de textos e da personalização da aparência dos slides. O sistema também faz resumos de textos maiores, para que se encaixem melhor em apresentações. É compatível com o Google Slides, mas não com o Power Point. O pacote de entrada, gratuito, oferece três apresentações por mês com até 2500 caracteres por apresentação.

Tome App

O **TOME APP** promete usar a IA para trazer ideias mais interessantes de narrativa para as apresentações, indo além do *design*. É um aplicativo gratuito com versão para *smartphone*. Funciona de forma semelhante ao ChatGPT: o usuário sugere o assunto, recebe uma versão com alguns *slides* e vai melhorando o projeto com novas solicitações e ajustes. A versão Pro da ferramenta permite trabalhar em ambientes colaborativos, sem limite de usuários.

PARA MELHORAR SEU BANCO DE IMAGENS

Várias ferramentas de IA Generativa já trazem resultados bem interessantes para quem quer desenvolver as próprias imagens – o que pode ser muito interessante tanto para ilustrar apresentações (combinando com as ferramentas anteriores) quanto para campanhas publicitárias. O nível da arte digital vai depender da capacidade de abstração e do repertório do usuário: quanto mais o usuário for capaz de "traduzir" para a IA suas ideias, mais elaborado será o resultado.

Dall-E 2

Desenvolvido pela OpenAI, mesma empresa criadora do ChatGPT, o **DALL-E 2** é capaz de criar artes com bastante realismo a partir de uma descrição do usuário, trazendo resultados originais. Essa versão gera imagens com uma resolução quatro vezes maior do que sua predecessora. Disponível em inglês, não é gratuito: o usuário precisa comprar créditos para utilizar o aplicativo.

Midjourney

O **MIDJOURNEY** é um serviço que gera imagens a partir de descrições, tal qual o DALL-E 2. Sua versão beta leva o usuário para sua comunidade na plataforma Discord, onde é possível usar o sistema. Os resultados também são inspiradores. Vale a pena testar.

Jasper

O módulo **JASPER ART**, da plataforma **JASPER**, permite que o usuário descreva a imagem que deseja criar. Em um *prompt,* é possível incluir os detalhes desejados, determinar o estilo artístico, informar em que mídia a imagem será veiculada e incluir algumas palavras-chave, que são usadas pela IA como referência para a criação. A ferramenta é paga, mas oferece sete dias gratuitos para quem quiser testar. A plataforma Jasper também gera textos, tom de voz da marca e conversa com clientes por meio de chat.

PARA TER SEU PRÓPRIO AVATAR

Em 2022, com todo debate que surgiu em torno do Metaverso e seus universos virtuais interconectados, diversas empresas de tecnologia criaram IAs Generativas para o desenvolvimento de avatares. Embora o burburinho em torno do Metaverso tenha diminuído muito, a tecnologia está seguindo a história já traçada pela própria IA décadas atrás, saindo de cena enquanto são desenvolvidas tecnologias que amadurecem essa ideia.

Por isso, vale a pena estudar um pouco as diversas ferramentas geradoras de avatares. Mesmo que o Metaverso pareça estar bem longe, é possível aproveitar o conceito em "n" outras aplicações.

Lensa AI

Produzido pelo Prisma Lab, o LENSA AI faz edição de imagens por meio de Inteligência Artificial e gera avatares a partir de fotos selecionadas pelos usuários. No segundo semestre de 2022, a aplicação ganhou popularidade, com os usuários enviando de dez a 20 *selfies* em diversos ângulos e expressões faciais para receber cerca de 200 sugestões de avatares. A plataforma oferece uma semana de teste gratuito – tempo mais que suficiente para entender como funciona e identificar possíveis usos ou potenciais desenvolvimentos.

in3D

O IN3D cria avatares a partir da câmera do *smartphone* do usuário. A IA faz um modelo 3D da pessoa e permite algumas customizações a partir de ferramentas oferecidas pelo serviço. É possível exportar o arquivo em vários formatos para integração a plataformas de jogos ou aplicativos.

Um bot que conversa com os clientes

OK, passamos por várias aplicações – mas e o ChatGPT do qual o mundo inteiro passou a falar no fim de 2022 e início de 2023? Ele faz parte de uma categoria diferente de IA Generativa, que desenvolve *bots* para conversar de forma natural com as pessoas. A partir desse conceito, nasceram várias aplicações (algumas bem equivocadas) para a ferramenta e, claro, surgiram concorrentes.

ChatGPT

Desenvolvido pela OpenAI, que recebeu um grande aporte da Microsoft depois que ficou claro o sucesso da versão 3.5 da ferramenta, o ChatGPT é um *chatbot* baseado em Inteligência Artificial e *machine learning* que usa uma rede neural para entender a linguagem natural (utilizada no cotidiano pelas pessoas) e gerar respostas plausíveis. Ele nasceu para permitir que os usuários interajam com sistemas de IA de maneira mais natural, como se estivessem conversando com outro ser humano.

Treinado a partir de dados disponíveis na Internet, o sistema consegue fornecer informações, criar textos criativos, responder a perguntas e manter diálogos, inclusive emulando estilos de outras pessoas. Dessa forma, ele pode ser treinado no tom de voz de uma marca para responder a perguntas dos usuários, mas não é um oráculo que acertará 100% das informações: a própria OpenAI utiliza o termo "alucinar" para os momentos em que o sistema apresenta erros – e é possível definir o nível de "alucinação" que a plataforma adotará, o que pode ser muito útil tanto para gerar respostas criativas quanto para evitar um excesso de erros factuais.

O ChatGPT usa uma arquitetura chamada Transformer – uma rede neural projetada para processar sequências de dados, como as palavras de uma frase. Assim, o sistema entende a relação entre as palavras para criar respostas mais coerentes e contextualizadas.

Bard

O Bard é a resposta do Google ao ChatGPT. Lançado no Brasil oficialmente em julho de 2023, consegue criar textos naturais, além de fazer listas, estruturar planilhas, agendar reuniões e muito mais. Integrado à plataforma de serviços do Google, o Bard vem sendo posicionado como uma ferramenta que melhora a assistência virtual aos usuários.

Duet AI

O Duet AI é uma ferramenta de IA Generativa integrada às soluções Google Workspace, como Google Docs, Gmail e planilhas. É a aposta do Google para ganhar espaço no mercado corporativo: a *big tech* convidou empresas como Grupo Boticário, Nubank e Mercado Livre, em maio de 2023, para serem *beta testers* da plataforma. A primeira versão oficial em inglês foi disponibilizada para os usuários do Google Workspace no segundo semestre de 2023.

Uma das ferramentas que o Grupo Boticário está testando dentro do Duet AI é a "Attend for Me", que permite que um assistente virtual entregue mensagens, em reuniões do Google Meet, em nome de um colaborador que não possa participar daquela reunião. O sistema também anota pontos importantes da reunião, para facilitar a recapitulação do que aconteceu.

Essas não são as únicas opções disponíveis – bem pelo contrário. Sugiro que você procure soluções como Open AI Playground, ChatSonic (com uma base de dados atualizada em tempo real na Internet), DialoGPT, Character AI (uma IA que responde como se fosse uma pessoa famosa), YouChat, Replika (que copia o estilo do usuário para responder a mensagens em seu nome) e Perplexity AI (ferramenta de busca que consolida respostas com uso de IA).

Como disse, faça sua investigação de olhos abertos, para enxergar as limitações e, principalmente, o potencial de uso desse tipo de ferramentas. Pode ser uma jornada extremamente interessante para você – pessoal e profissionalmente.

As ferramentas de Inteligência Artificial que citei neste capítulo são uma amostra – o universo é muito mais vasto, e está em contínua expansão. Além disso, em inúmeras aplicações corporativas, a Inteligência Artificial já trabalha em favor da produtividade, otimizando tempo e recursos e permitindo análises muito mais profundas das informações existentes.

Nesses tempos de transformação digital, também precisamos fazer nossa própria transformação profissional, aprendendo a usar os recursos tecnológicos existentes para facilitar nosso trabalho e criar oportunidades para sermos mais criativos. Somente dessa forma usaremos a IA a nosso favor – e não como uma destruidora de empregos e oportunidades.

Para que isso aconteça, porém, a Inteligência Artificial exige novas competências de todos nós. E é sobre isso que vamos falar no próximo capítulo.

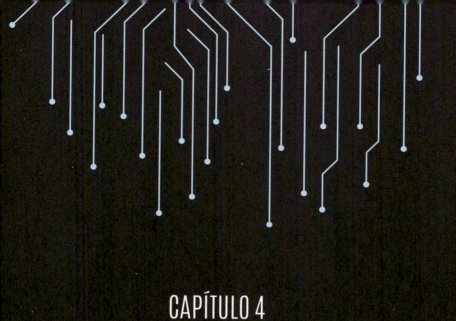

CAPÍTULO 4
AS NOVAS COMPETÊNCIAS QUE A IA EXIGE DOS PROFISSIONAIS

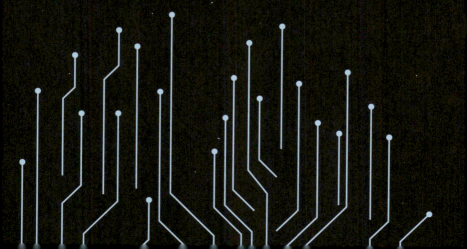

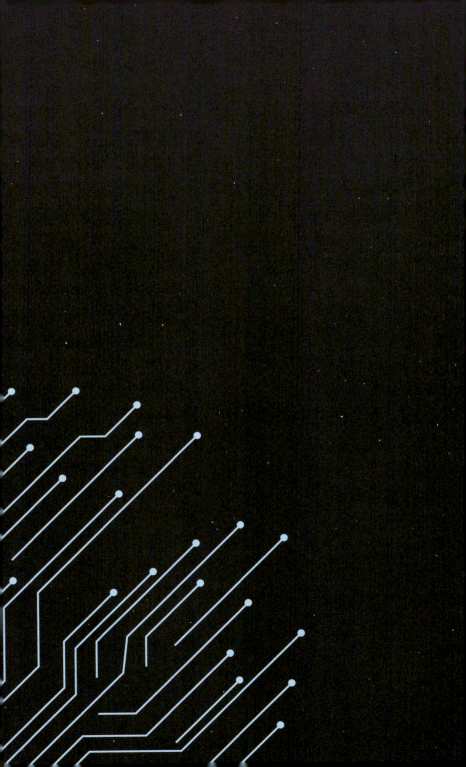

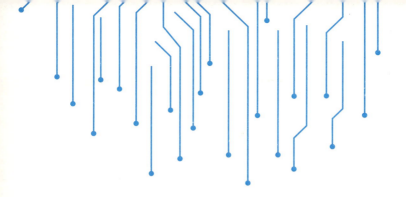

É inegável que a Inteligência Artificial terá um papel cada vez mais importante nas empresas e nas estratégias de desenvolvimento de negócios. Dizer que tudo mudará com a IA pode parecer um exagero, mas a realidade não estará muito distante disso. E o que toda essa transformação fará com os profissionais das empresas? Como devemos nos preparar? É sobre isso que vamos falar nas próximas páginas.

Em primeiro lugar, é importante deixar um ponto muito claro: esta não é a primeira vez na História em que vivemos um período de profundas mudanças tecnológicas. Na realidade, toda grande evolução trouxe desafios e oportunidades – nesse sentido, não estamos vivendo algo essencialmente diferente do que aconteceu no início da Revolução Industrial, quando o trabalho artesanal passou a ser substituído por máquinas. Nem é tão diferente assim da Revolução Agrícola, quando ferramentas e animais começaram a ser usados para aumentar a *performance* da produção de alimentos.

Isso não significa, porém, que devemos nos acomodar e esperar as mudanças acontecerem. Afinal de contas, elas interferem em toda a sociedade e geram uma questão essencial: que empregos vão desaparecer, quais serão transformados e quais serão criados a partir da evolução da Inteligência Artificial? Na esteira dessas mudanças, virão novos processos de trabalho, novas competências e habilidades, e novas demandas profissionais. Todos precisam estar preparados para um futuro ainda desconhecido.

A revolução da Inteligência Artificial, porém, tem um componente inédito. Ao longo da História, a evolução da tecnologia automatizou atividades e afetou os trabalhadores com níveis mais básicos de educação e capacitação profissional. A IA, e especialmente a IA Generativa, mudou isso: a expectativa é que o impacto também seja sentido em áreas que exigem mais trabalho intelectual e demandam mais capacidade técnica das pessoas.

Segundo um estudo feito pela edX, plataforma de educação criada por Harvard e MIT, com 800 executivos e 800 colaboradores de empresas, em 2025 quase metade das competências das forças de trabalho não serão mais relevantes, devido à Inteligência Artificial. Como se não bastasse, 47% dos participantes dizem que os profissionais não estão preparados para o futuro do trabalho. Para 56% dos profissionais em posição de liderança, suas funções serão parcial ou totalmente substituídas pela IA nos próximos anos.

Essa é uma mudança fundamental, pois, até agora, os cargos mais básicos eram os mais ameaçados, o que gerava uma pressão para maior capacitação das equipes. Mas o que fazer quando não existe mais a segurança de que um trabalho altamente especializado estará imune às transformações? Para a Goldman Sachs, até o final da década, 300 milhões de empregos serão eliminados (ou radicalmente transformados) pelo uso da IA Generativa.

Ao mesmo tempo, outras funções serão criadas a partir das novas demandas geradas pela Inteligência Artificial. Entre essas "profissões do futuro" estão:

» **Curadores de informações para IA:** será preciso contar com cada vez mais profissionais para pesquisar, analisar e selecionar as informações às quais a Inteligência Artificial terá acesso. É uma função com uma profunda implicação de governança e ética, incluindo questões relacionadas à diversidade, equidade e inclusão. Ao mesmo tempo em que o curador de informações precisa estar atento a esses aspectos, precisa alimentar a IA com dados, mapas de informação e modelagem para os sistemas de análise, sempre de forma alinhada aos objetivos do negócio;

» **Engenheiros de machine *learning*:** para que os computadores operem com base em dados e algoritmos, alguém precisa criar e treinar os modelos computacionais para executar tarefas específicas e para desenvolver ações complexas de forma ética. Desenvolvedores especializados em IA e *machine learning*, em si, não são novidade, mas esse é um campo em ampla expansão;

» ***Designers de prompt* para IA:** por mais que a IA se torne cada vez mais amigável, fazer a tradução entre o que o ser humano quer perguntar e o que a máquina entende não é uma tarefa simples. Os sistemas de tecnologia são desenhados em torno de *prompts*, que são instruções, perguntas e comandos. Os *designers* de *prompt* serão mais e mais necessários para extrair melhores respostas dos sistemas de IA, criando "atalhos" e novos recursos para otimizar as buscas e criar a melhor conversa possível entre máquinas e seres humanos;

» Especialistas em Ética de IA: os debates sobre o uso correto, ético e justo da Inteligência Artificial ganharão destaque nos próximos anos. Toda uma discussão sobre regulação, segurança e governança precisa acompanhar o desenvolvimento das ferramentas – e isso passa por aspectos filosóficos e ideológicos do uso de tecnologia, como a liberdade de expressão, liberdade de desenvolvimento e papel do Estado como regulador da economia. Dentro das empresas, profissionais especializados em ética de IA serão responsáveis por certificar que processos lógicos e automatizados das máquinas atendam às questões humanas e humanitárias. Os negócios precisarão desenvolver uma forte governança ligada à IA para definir limites de atuação e de uso de informações.

Segundo a consultoria McKinsey, a IA Generativa, sozinha, poderá automatizar quase 10% das tarefas da economia americana, além de impactar um percentual ainda maior de atividades. O potencial de automação dobra com o uso de IA Generativa em atividades que exigem alto nível acadêmico (mestrado, Ph.D. ou acima), enquanto tem uma alta de quase 20% em tarefas que não demandam nem o ensino médio. Certamente, essa diferença decorre do fato de que atividades mais básicas já eram mais automatizadas, mas o cenário parece claro: a IA não vai poupar ninguém.

Tudo isso acontece porque a Inteligência Artificial, de modo geral, e a IA Generativa, em particular, são impulsionadas por estruturas que, como os alicerces de um prédio, contêm grandes redes neurais, treinadas a partir de uma quantidade imensa de dados não estruturados em uma série de formatos, como áudio e texto. A construção desses modelos estruturais pode ser usada para uma variedade de tarefas, exponenciando seu impacto sobre a sociedade.

Até a chegada da IA Generativa, as soluções de IA eram desenvolvidas de forma "estreita", realizando tarefas muito bem definidas, como a previsão de demanda ou de *churn* de consumidores.

A partir de agora, a Inteligência Artificial será muito mais generalista, capaz de realizar uma grande variedade de atividades. O lado negativo dessa versatilidade, porém, está no fato de que, pelo menos por enquanto, a IA Generativa pode "alucinar", trazendo resultados menos precisos (ou completamente equivocados), o que exige uma atenção especial à gestão de riscos.

Ainda assim, colocando as devidas barreiras e proteções, a IA Generativa pode abrir novas possibilidades de uso da Inteligência Artificial no mundo dos negócios, além de dar mais velocidade e escala a processos já existentes. Um bom exemplo é o atendimento ao cliente: um modelo de IA Generativa especializado poderá sugerir oportunidades de *upselling* personalizadas para cada pessoa a partir do que o consumidor está fazendo naquele momento (o produto que acabou de ver ou informações que ele consultou no site ou com o *chatbot*). Até agora, as sugestões de *upselling* eram mais rígidas e focavam menos no contexto, tendo como base dados como demografia e padrões de compra.

Nesse mesmo contato com o cliente, a IA Generativa poderá usar dados internos e externos, incluindo informações das redes sociais, para desenvolver um discurso de vendas para o vendedor usar durante o atendimento. É um exemplo relativamente simples, que poderia ser aplicado já em seu negócio, mas que mostra ao mesmo tempo os ganhos para o negócio e o impacto na atividade dos vendedores de uma loja.

Com o tempo, parte desse processo poderá ser totalmente automatizado, como costuma acontecer com o desenvolvimento de qualquer tecnologia. Com isso, o ganho de valor passará a estar no *software* de IA usado pela empresa e dependerá da capacidade do desenvolvedor de tecnologia de fazer o sistema funcionar no dia a dia dos negócios.

Desde já, o que toda empresa deveria fazer é analisar se possui o conhecimento técnico necessário para embarcar nessa jornada. Além disso, é preciso avaliar se a arquitetura de dados e de TI, os modelos operacionais e os processos de gestão de risco serão capazes de lidar com as novas demandas trazidas pela Inteligência Artificial. Cada profissional, por sua vez, deveria fazer uma autoanálise, avaliando se tem a *expertise* necessária para lidar com essas transformações. Provavelmente, a resposta será "não" – mas quanto antes cada pessoa abrir os olhos para seu *gap* tecnológico, mais rápido poderá correr atrás das soluções.

O PRÓXIMO PASSO DA IA: PRODUTIVIDADE

A transformação trazida pela Inteligência Artificial não acontecerá da noite para o dia – embora você não deva se iludir e achar que as mudanças demorarão a aparecer. Na realidade, as mudanças já estão ocorrendo no dia a dia, mesmo quando não percebemos.

Pense em ferramentas como o Waze que usa no trânsito diariamente, o Uber que você pede para ir a um restaurante ou o assistente de voz para quem pede que uma determinada música toque em sua casa. Todas essas são aplicações de Inteligência Artificial que já fazem parte do cotidiano de bilhões de pessoas em todo o mundo – nem por isso nossa vida parece ter passado por uma revolução.

Já estamos vivendo um processo de mudanças profundas, mas elas acelerarão ainda mais. A maioria das empresas tem feito da Ciência de Dados uma prioridade, com grandes investimentos na área e retornos cada vez mais significativos das iniciativas desenvolvidas. Com isso, a IA melhora o desempenho e a produtividade das empresas e dá sentido aos dados em uma escala que seria impossível manualmente.

De acordo com a Harvard Business Review, as empresas estão usando a Inteligência Artificial primordialmente em iniciativas que demandam muita agilidade, automação de processos, grandes volumes de informação e regras bem definidas. Entre essas ações estão detectar e impedir brechas de segurança em sistemas (44%), resolver problemas de tecnologia dos usuários (41%), reduzir o trabalho de gerenciamento de produção (34%) e avaliação da conformidade das atividades de fornecedores (34%). Mas esse é somente o início.

A IA Generativa poderia adicionar de US$ 2,6 trilhões a US$ 4,4 trilhões ao ano para a economia global, segundo um estudo realizado pela consultoria McKinsey com base em 63 casos de uso da tecnologia. Como comparação, o PIB do Reino Unido foi de US$ 3,1 trilhões em 2021. Essa estimativa da

McKinsey é até conservadora, se pensarmos que quanto mais a tecnologia ganha espaço, mais ela abre possibilidades de novas aplicações – e aumenta tanto seu impacto econômico, quanto a influência sobre a capacitação dos profissionais.

Segundo o mesmo estudo, cerca de 75% do valor que poderá ser entregue pela IA Generativa está concentrado em quatro áreas: atendimento ao cliente, marketing/vendas, engenharia de *software* e pesquisa/desenvolvimento. Em termos setoriais, o impacto será disseminado, com segmentos como bancos, varejo, tecnologia e ciências da saúde tendo uma porcentagem relevante de suas receitas vindas de aplicações que usam IA Generativa. No varejo, especificamente, a consultoria estima um impacto da ordem de US$ 400 bilhões a US$ 660 bilhões por ano. Não seria nada mau ter um Walmart a mais em vendas globais somente pelos ganhos de produtividade, não é?

Mas onde estão esses ganhos de produtividade que terão um impacto tão grande assim? Em atividades cotidianas que poderiam ser automatizadas e que hoje absorvem de 60% a 70% do tempo dos colaboradores. Se metade desse tempo for transferido para a IA, já há um ganho de 30% a 35% no tempo disponível para atender melhor o cliente, pensar em novas estratégias comerciais, negociar com fornecedores ou desenvolver inovações. A McKinsey acredita que chegaremos a esse ponto em algum momento entre 2030 e 2060 – o que pode indicar tanto que a transformação está às portas como que boa parte dos executivos já estará aposentada quando isso acontecer.

Eu sou mais otimista: a evolução tecnológica é exponencial, o que significa que a vantagem do *first mover* é muito relevante. Começar meses ou um ano antes da concorrência leva a resultados dez ou 100 vezes maiores daqui a uma década. E por isso vale a pena você fazer uma reflexão. Aonde quer estar daqui a dez anos? Certamente, nesse momento, o impacto da IA sobre os negócios será muito perceptível e já terá criado um *gap* significativo entre quem adotou a tecnologia e quem achou que poderia esperar mais tempo. Em que lado você vai estar?

Para aproveitar melhor as oportunidades, busque, desde já, aprender novas habilidades e desenvolver novas competências. Seu trabalho mudará muito – se você for um líder em uma empresa, precisará comandar o processo de transformação e cuidar do *reskilling* de suas equipes para lidar com um futuro muito mais automatizado, veloz e tecnológico. Gerenciar os riscos da transição dos profissionais, desenvolver novas competências e preparar a cultura do negócio para abraçar a IA como uma parte fundamental da estratégia são ações que vão contribuir para o crescimento da empresa, para a geração de empregos e para ampliar as oportunidades de expansão.

Lembre-se de que essa é uma jornada – e uma jornada longa. Demorará alguns anos para que todos os benefícios da Inteligência Artificial sejam adotados pelas empresas, e até lá muitos desafios precisarão ser resolvidos. Como líder varejista, prepare-se, desde já, para entender quais habilidades e competências serão importantes no futuro, e repense processos de treinamento e desenvolvimento de suas equipes.

OS NOVOS "SUPERPODERES"

A tecnologia vem mudando processos e metodologias de trabalho – e não é de hoje. Na Revolução Industrial, os trabalhadores ganharam "superpoderes" ao conseguir realizar tarefas físicas com mais facilidade e velocidade, como transportar grandes quantidades de produtos de um lugar para outro. A Revolução da Computação criou "superpoderes" ligados à capacidade intelectual, dando às pessoas a possibilidade de realizar cálculos complexos rapidamente.

Esses são exemplos simples de como a tecnologia amplia a capacidade de trabalho, automatizando atividades individuais que exigiriam muito mais tempo e pessoas se realizadas de forma manual. A IA Generativa segue o mesmo conceito, embora seja revolucionária ao afetar todo tipo de atividade profissional. Até mesmo um artista ou artesão passa a ter seu trabalho impactado pela produção da IA.

A adoção em escala não vai acontecer da noite para o dia, mas o potencial existe. Levar o que vem sendo testado em laboratórios para o cotidiano de milhões de pessoas nunca é uma tarefa trivial – barreiras culturais, temores, resistência, processos de trabalho e *mindsets* precisam ser transformados para que haja a migração do potencial para a realidade.

Além disso, qualquer solução tecnológica precisa ser economicamente viável: enquanto o trabalho humano tiver uma melhor relação custo/benefício que a adoção de tecnologia, a inovação não ganha espaço. Vemos isso todos os dias no varejo, que é um segmento de margens muito apertadas e onde o aspecto financeiro fala muito alto: ideias como lojas 100% autônomas existem como conceito há décadas e a Amazon implantou sua primeira Amazon Go há quase dez anos, mas nem por isso esse modelo de negócios é dominante (bem pelo contrário).

Ainda assim, o avanço tecnológico vem sendo rápido. Em 2017, a McKinsey projetava que somente em 2027 a Inteligência Artificial alcançaria o desempenho de um ser humano mediano na interpretação de linguagem natural – esse ponto foi alcançado em 2023, quando a versão 4.0 do Chat-GPT passou no teste da Uniform Bar Exam (a OAB americana). Será que no futuro os advogados ficarão obsoletos e serão substituídos por uma IA onipotente?

O tempo tem sido comprimido, refletindo uma confiança maior no uso da tecnologia. Apostar contra a inovação tecnológica, definitivamente, não é uma escolha sábia.

COMO NAVEGAR ESSE PERÍODO DE MUDANÇAS?

Nas últimas páginas, mostramos que estamos vivendo um período de fortes mudanças que transformarão as relações de trabalho e provocarão muitas turbulências nas empresas. O que os líderes podem fazer para navegar melhor nesse ambiente?

Na minha visão, antes de falar em mudanças, é preciso tomar três cuidados importantes.

1 – Calibre as expectativas

Nas últimas décadas, a evolução da Inteligência Artificial foi marcada por grandes avanços, seguidos por momentos de investimentos e interesse do público em geral – e, logo após, períodos de expectativas quebradas e frustrações.

Para que você tenha ideia do quanto as expectativas sobre IA costumam ser exageradas, nos anos 70 o cientista Marvin Minsky, um dos grandes nomes da tecnologia naquele período, disse, em uma entrevista para a revista Life, que uma IA Geral (com habilidades semelhantes às de uma pessoa) estaria a apenas 3 anos de distância. Hoje, mesmo com supercomputadores com milhares de vezes o poder de computação daquela época, a IA Geral continua distante.

Um *hype* semelhante aconteceu no fim dos anos 80/início dos anos 90, quando o enxadrista Garry Kasparov foi derrotado pelo computador Deep Blue. Nem por isso, a IA cumpriu as elevadas promessas levantadas naquela época. Por isso, convém ser conservador nas expectativas.

Embora ferramentas de IA Generativa como ChatGPT, Midjourney e DALL-E sejam poderosas, elas estão longe de ser produtos totalmente desenvolvidos. É bem possível que em algum momento o *hype* tenha que encarar a vida real – na qual as aplicações de IA nem sempre se encaixam no dia a dia dos negócios.

Por isso, um recado importante: explore as possibilidades da IA, mas tenha em mente que ela não será necessariamente a solução para todos os seus problemas. Fatores tecnológicos, culturais e estruturais em cada empresa criam ambientes que são mais ou menos favoráveis ao desenvolvimento de aplicações de Inteligência Artificial. Calibre suas expectativas para não criar frustrações.

2 – Avalie o *fit* de seus dados com a IA Generativa

A IA Generativa (e a Inteligência Artificial em geral) não acontece em um vácuo: ela depende de dados para funcionar. Assim, a qualidade dos dados disponíveis dentro da empresa tem uma relação direta com a qualidade da aplicação da IA no negócio.

Além disso, uma vez que um modelo de IA tenha sido treinado, levar esses dados para outra plataforma poderá custar caro e exigir muito tempo de integração de sistemas. Atualmente, as diferentes plataformas de IA não são interoperáveis, uma vez que cada fornecedor quer transformar seu sistema no padrão do mercado.

As *big techs* têm buscado construir ecossistemas de dados para fazer com que seus modelos de IA sejam mais competitivos. E, como costuma acontecer nos ecossistemas, as empresas criadoras das plataformas buscam, idealmente, fazer o *lock-in* de seus clientes, mantendo-os "amarrados" em seus sistemas.

Por isso, a decisão de investir em uma IA Generativa não é trivial. É preciso levar em conta os sistemas já existentes, as parcerias já desenvolvidas com *big techs*, as potenciais evoluções das parcerias e tecnologias, e o *fit* das soluções de mercado com as necessidades (atuais e futuras) da empresa.

3 – O foco da IA não está na "última linha"

A IA Generativa costuma ser percebida como uma forma de reduzir custos operacionais – pense nos *chatbots* que automatizam parte do atendimento ao cliente. A evolução da IA, porém, tornará esse ambiente muito mais complexo, uma vez que a Inteligência Artificial será *omnichannel* e poderá se apresentar de diversas formas para os consumidores, utilizando vários conjuntos de dados dentro da empresa.

Os gestores precisarão definir o que será delegado para as máquinas, o que contará com supervisão humana e que processos continuarão sendo feitos da forma tradicional. Tudo isso traz outro desafio: saber o que delegar e quando fazê-lo. Os times precisarão ser aculturados na arte de delegar tarefas – nem sempre isso é fácil.

Assim, o foco da aplicação da IA não deve estar, pelo menos agora, na última linha do balanço. Será preciso fazer muito mais, promovendo o *reskilling* e o *upskilling* das equipes.

AS QUATRO COMPETÊNCIAS ESSENCIAIS PARA O PROFISSIONAL DE VAREJO

Até agora, apresentamos muitos problemas, uma série de desafios e uma trilha bem tênue a ser percorrida para que os profissionais continuem a ser uma parte importante das empresas. Na minha visão, não serão competências técnicas que farão a diferença para o sucesso – todos nós precisamos aprender quatro habilidades essenciais que separarão vencedores e vencidos no varejo.

Essas quatro competências fundamentais, como você verá, não são simples de implementar. Elas estão muito mais ligadas a *soft skills* do que a pontos que podem ser rapidamente aprendidos em uma sala de aula, em um curso em vídeo ou em um manual a ser seguido sem questionamentos. Por isso mesmo, exigem bom senso, jogo de cintura e empatia dos profissionais – e, para quem dominar essas competências, representarão uma imensa vantagem em sua empregabilidade.

Assim, essas não são competências *plug and play*: é preciso ter paciência, pois elas levam tempo para serem desenvolvidas. Com isso, a conclusão é clara: para que a IA faça parte do dia a dia dos profissionais de varejo, será preciso desenvolver uma visão de longo prazo, trabalhando essas quatro competências essenciais durante o tempo, em uma jornada contínua. Nessa jornada, ficam em vantagem empresas que têm um menor *turnover*, uma vez que a continuidade traz a excelência.

Como empresas com menor *turnover* costumam ser aquelas que possuem propósito, visão e valores claros, com uma forte cultura corporativa e uma mentalidade de respeito aos colaboradores, fica claro que empresas com esse perfil terão mais possibilidade de sucesso no desenvolvimento de iniciativas de Inteligência Artificial. Tudo está conectado.

Mas, afinal de contas, quais são as quatro competências essenciais para conectar os profissionais de varejo com a Inteligência Artificial. Sem mais suspense, vamos lá!

IMAGINAÇÃO

Um mundo movido pela Inteligência Artificial é um mundo repleto de possibilidades. A partir de agora, será mais importante ter **imaginação** para propor os futuros possíveis do que ter excelência na execução de processos já estabelecidos. Isso porque, como temos visto ao longo deste livro, uma parcela cada vez mais relevante das atividades do varejo poderá ser automatizada.

De forma geral, tudo o que pode ser formatado e definido por processos pode ser inserido em um algoritmo. E o que não pode ser formatado, pois desafia qualquer definição? A imaginação. Para o varejo, essa é uma mudança radical: nas últimas décadas, os processos de recrutamento e seleção da maior parte das vagas no comércio têm tido mais a ver com saber seguir regras do que desafiar as possibilidades.

Evidentemente, esse não é um desafio somente para os colaboradores, mas também para os líderes. Será preciso contratar pessoas com menos foco no *compliance* e mais questionadoras e analíticas, capazes de propor novas possibilidades e se perguntar, a todo momento, "e se".

EXPRESSÃO

A segunda competência fundamental para o futuro dos profissionais de varejo em um mundo movido pela Inteligência Artificial é a capacidade de **expressão**. Ter imaginação para propor alternativas é o início de um processo que precisa ser articulado em uma visão de futuro. Quanto melhor o profissional conseguir expressar essa visão (que ainda é uma ideia), mais rápido será possível explorar suas possibilidades.

A capacidade de expressão traz consigo a capacidade de comunicar expectativas, visões, sonhos e alternativas com os mais diversos *stakeholders* do negócio. Quando fornecedores, parceiros, líderes, colaboradores, Conselho de Administração, acionistas e clientes são impactados pelas possibilidades que se abrem com o uso da Inteligência Artificial, torna-se possível discutir cenários, parcerias e novas estratégias.

Muito disso precisa estar presente hoje, sem dúvida, mas costuma estar concentrado nos níveis superiores das empresas de varejo. Com o aumento da automação de atividades operacionais no "chão de loja", os colaboradores terão mais tempo e espaço para entender o que o cliente precisa ou deseja. A capacidade de articular esses desejos e necessidades e levá-los para dentro da empresa permitirá criar soluções rapidamente, melhorando o relacionamento com o consumidor e gerando negócios mais lucrativos. Literalmente, teremos que aprender a linguagem da IA, aprender a conversar com ela para que os resultados esperados venham.

FAZER PERGUNTAS

À medida que a IA continua a evoluir e se tornar cada vez mais integrada em nossas vidas e negócios, a habilidade de fazer perguntas se torna fundamental para profissionais que desejam ter sucesso nesse contexto em constante mudança.

A importância de aprender a fazer perguntas no campo da Inteligência Artificial é multifacetada. Aqui estão algumas razões pelas quais essa habilidade é essencial:

1. Guia para a solução de problemas: a IA é frequentemente usada para resolver problemas complexos e tomar decisões baseadas em dados. Para encontrar soluções eficazes, os profissionais precisam fazer as perguntas certas para entender os desafios, identificar os dados relevantes e determinar as melhores abordagens algorítmicas. Perguntas bem formuladas podem ser a chave para o sucesso na resolução de problemas com IA;

2. Melhoria da qualidade dos dados: a IA depende de dados de alta qualidade para funcionar corretamente. Os profissionais precisam fazer perguntas sobre a origem, qualidade e integridade dos dados para garantir que eles sejam apropriados para o treinamento de modelos de IA. Perguntas cuidadosas podem ajudar a evitar vieses e problemas éticos nos dados;

3. Compreensão dos resultados: à medida que os modelos de IA tomam decisões e fornecem previsões, é crucial que os profissionais saibam como interpretar esses re-

sultados. Fazer perguntas sobre como um modelo chegou a uma determinada conclusão ou por que uma decisão específica foi tomada pode ajudar a evitar erros e melhorar a confiança nas soluções de IA;

4. Adaptação à mudança: o campo da Inteligência Artificial está em constante evolução, com novas técnicas e algoritmos surgindo regularmente. Os profissionais que fazem perguntas e buscam aprender continuamente estão mais bem preparados para acompanhar as tendências e aplicar as tecnologias mais recentes em suas atividades profissionais;

5. Comunicação eficaz: fazer perguntas também é fundamental na comunicação com colegas de equipe, clientes e partes interessadas. A capacidade de formular perguntas claras e concisas ajuda a transmitir ideias, identificar problemas e tomar decisões informadas em projetos de IA;

6. Ética e responsabilidade: a IA levanta questões éticas importantes, como privacidade, preconceito e transparência. Os profissionais que fazem perguntas sobre essas questões podem ajudar a garantir que a IA seja desenvolvida e usada de maneira responsável e ética.

Em resumo, a capacidade de fazer perguntas é uma habilidade essencial para profissionais que desejam ter sucesso no contexto da Inteligência Artificial. Ela orienta a solução de problemas, melhora a qualidade dos dados, facilita a compreensão dos resultados, ajuda na adaptação às mudanças, promove a comunicação eficaz e assegura a ética e a responsabilidade no desenvolvimento e uso da IA. Aqueles que cultivam essa habilidade estão mais bem preparados para enfrentar os desafios e aproveitar as oportunidades que a IA oferece.

REPERTÓRIO

O quarto aspecto fundamental também só vem com a experiência. Trata-se do **repertório**, que é a "biblioteca de conhecimento" sobre situações, problemas, desafios e sucessos do varejo. Em um setor que lida com clientes diariamente, o repertório pode ser construído e multiplicado rapidamente – desde que a empresa tenha uma cultura voltada ao cliente e focada em gerar conhecimento constantemente.

Uma vez que repertório se constrói ao longo do tempo, aqui também é essencial desenvolver um negócio que estimule os colaboradores a permanecerem por mais tempo. É necessário romper com a lógica de primeiro emprego ou de "quebra-galho", em que o profissional não "é" de varejo, e sim "está" no setor somente pelo tempo necessário a encontrar alguma coisa melhor.

Quebrar esse ciclo depende de tornar o varejo mais atraente para profissionais de todo tipo. Para construir repertório e multiplicar suas possibilidades de sucesso com a Inteligência Artificial, o varejo precisa construir um ambiente no qual os profissionais sejam valorizados, com uma remuneração competitiva, estímulo à melhoria contínua e possibilidades de crescimento. Nesse ambiente, que é cercado por uma cultura forte, *feedback* constante e liberdade para experimentação, profissionais criam repertório rapidamente – e mantêm esse conhecimento dentro da empresa.

Além disso, o repertório não vem somente do que acontece dentro da empresa: as interações com os clientes, a vida fora da empresa e as experiências compartilhadas com outros profissionais constroem conhecimento e ampliam as ferramentas que cada pessoa tem para lidar com novidades, desafios e possibilidades.

Nesse momento, vale a pena você se perguntar: o que eu, como profissional de varejo, posso fazer para ter mais imaginação, expressão, fazer perguntas e repertório? Será que estou buscando informação suficiente, dentro e fora da empresa? Será que estou adquirindo conhecimento para lidar com os novos desafios que estão sendo gerados pela Inteligência Artificial?

Em um segundo nível, vale ampliar esse debate. Seja você um líder de varejo ou um colaborador sem ninguém sob sua liderança direta, como é possível contribuir para gerar mais conhecimento internamente? Crie momentos formais e informais para troca de conteúdo e aproveite os rituais já estabelecidos na empresa (do café da manhã no refeitório à reunião de time no piso de loja) para estimular a troca de ideias e a expansão da capacidade corporativa de imaginar, expressar e construir repertório.

Esse é o caminho para o sucesso no varejo do futuro.

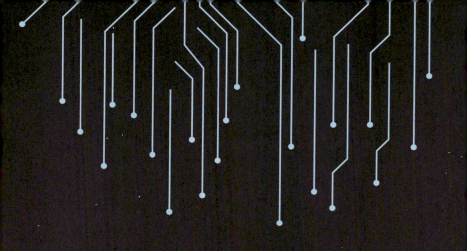

CAPÍTULO 5

IA: PRINCIPAIS USOS E APLICAÇÕES NO VAREJO

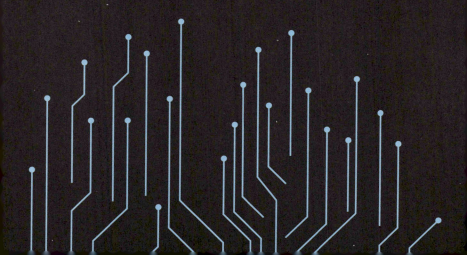

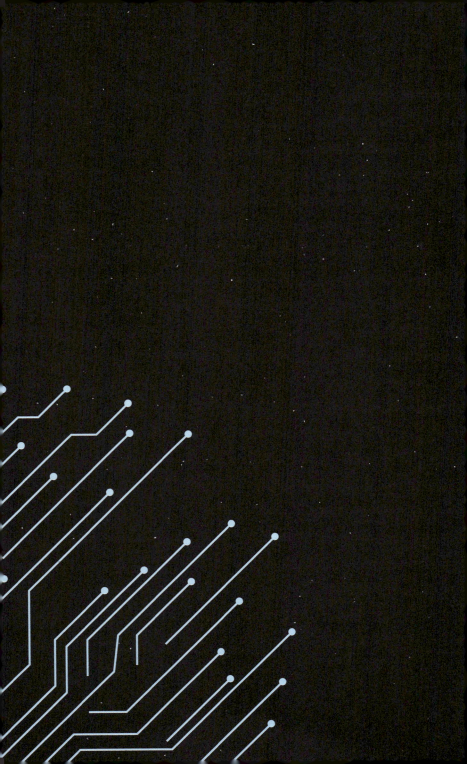

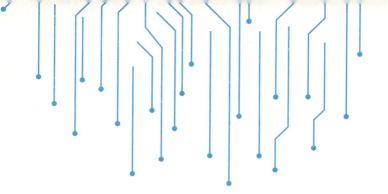

O varejo dos anos 2020 é muito diferente das décadas anteriores – a digitalização do setor, que já vinha avançando em diversos segmentos, foi definitivamente impulsionada pela pandemia, que forçou inúmeras empresas a adotar ferramentas e processos que eram impensáveis apenas meses antes. Hoje, podemos dizer, sem medo de errar, que os consumidores não precisam ir às lojas – eles só irão se o ponto de venda oferecer o que eles precisam. E o que eles precisam não é de mais produtos. Além disso, temos um consumidor muito mais próximo e conhecedor dos canais digitais do varejo.

A discussão de como deve ser a loja física no pós-pandemia é extensa, mas podemos apontar alguns aspectos essenciais dessa jornada. Em primeiro lugar, houve uma separação entre "produto" e "mídia" que reflete o que já havia ocorrido nos anos 2000 com a música – e um pouco mais tarde, com o vídeo. Hoje, o produto (aquilo que o consumidor compra) está dissociado do canal – da mesma forma como consumimos música sem comprarmos uma mídia física, consumimos produtos sem ir ao varejo físico.

Gosto dessa comparação porque ela abre nossos olhos para algumas possibilidades interessantes, como a possibilidade de venda de serviços e a criação de modelos de negócios, baseados em assinaturas ou na posse temporária de produtos. Esse conceito vem se fortalecendo em toda parte: nas áreas de produtos de segunda mão no varejo de moda, nos serviços de *kits* de refeições prontas ou de hortifrútis orgânicos, no *leasing* de automóveis e eletrodomésticos...

Além disso, consumidores (especialmente os de maior poder aquisitivo) têm buscado mais experiências – vivenciar momentos tem se tornado mais importante do que acumular produtos. E a escolha pelo produto que entrará no carrinho de compras, cada vez mais, passa pela aderência desses itens aos valores pessoais de cada cliente. Fatores ambientais, sociais e de governança (ESG) têm uma importância cada vez maior na decisão de compra – e entender a influência desses fatores é essencial para estabelecer uma comunicação eficiente com cada cliente.

Nesse cenário de profunda transformação do varejo e dos padrões de consumo, seguir velhas fórmulas não funciona mais. O varejo precisa encontrar novos caminhos de entendimento dos clientes e gestão de seus processos para se manter relevante – e, então, conseguir desenvolver operações mais rentáveis. E isso tem tudo a ver com o uso de dados e, principalmente, com a aplicação de Inteligência Artificial para destravar o poder de geração de *insights* a partir desses dados.

O problema é que, hoje, uma parcela enorme das empresas de varejo ainda não consegue entender o potencial que a IA apresenta de transformar completamente seus negócios. Vemos inúmeros casos de uso da tecnologia, mas normalmente em uma escala pequena demais para produzir resultados de grande consequência. Ao mesmo tempo, tentar mudar tudo de uma vez, aplicando IA em todos os processos de negócios, é uma receita para o desastre.

Como sair desse dilema?

O caminho é evitar a tentação de jogar todo o legado fora e mudar tudo de uma vez, mas, ao mesmo tempo, adotar IA em alguns processos-chave da empresa. Dessa forma, a Inteligência Artificial provoca um impacto significativo nos negócios e cria bases para sua expansão para outras áreas, processos e recursos. Mas, sempre, pensando em toda a jornada dos clientes, para evitar que os ganhos obtidos em uma aplicação fiquem limitados nela mesma.

Não é simples, mas é possível fazer. Neste capítulo, veremos alguns exemplos de varejistas que têm escalado o uso de Inteligência Artificial, com base em um *framework* que passa por quatro estágios:

» Identificar áreas em que a IA pode fazer uma diferença significativa em um prazo curto e onde existem outras atividades correlacionadas (para as quais os ganhos da IA possam ser multiplicados);

» Colocar as pessoas certas para lidar com a IA e remover os obstáculos (culturais, financeiros e de pessoal) que podem limitar o sucesso. Desenvolver nas pessoas as competências ligadas a IA que já abordamos neste livro;

» Reimaginar os negócios atuais e entender como usar a IA para fazer essa transformação;

» Fazer mudanças na estrutura do negócio para acelerar o ritmo de implementação e os resultados obtidos com a IA.

IA E ÁREAS DE MELHORIA NO VAREJO

Não existem dúvidas de que o futuro do varejo passa necessariamente pelos avanços da Inteligência Artificial. Um estudo da Fortune Business Insights aponta que o mercado global de serviços de IA no varejo deverá saltar de US$ 5,5 bilhões em 2022 para mais de US$ 55,5 bilhões em 2030.

Essa expansão de dez vezes se dará pela capacidade da tecnologia em dar apoio às operações de varejo, aumentando os lucros e otimizando processos de negócios. Áreas como *automação, prevenção de perdas, sustentabilidade, otimização da cade*ia de suprimentos e aumento da satisfação dos clientes serão focos crescentes do uso da tecnologia, trazendo um novo panorama para o setor e estimulando inovações.

Ao mesmo tempo, existem preocupações crescentes sobre o impacto da IA sobre os empregos. Um exemplo é o relatório "The Potential Impact of AI on UK Employment and the Demand for Skills", realizado pela consultoria PwC para o Departamento de Estratégias de Negócios, Energia e Indústria do Reino Unido. O estudo indica a possibilidade de reduções significativas nos níveis de emprego em setores como atacado, varejo, finanças e administração pública, já em curto prazo. Entretanto, em um horizonte de tempo mais amplo, o relatório aponta que a IA deverá mudar o papel das equipes de varejo, em vez de eliminar empregos.

A automação de tarefas como a contagem de estoque permite que os profissionais do varejo sejam liberados para realizar atividades mais complexas, que exigem interação humana e, convenhamos, são muito mais estimulantes, interessantes e recompensadoras do que grande parte das tarefas operacionais atuais.

Esse é o lado positivo da IA: a tecnologia abre a possibilidade para que decisões de alocação de pessoal e reposição de estoques sejam tomadas de maneira mais inteligente, assertiva e eficiente, ajudando a reduzir custos, eliminar ruptura e maximizar as vendas. Tenho convicção de que as lojas físicas do futuro não serão lojas sem contato humano – em vez disso, serão locais em que as equipes terão um trabalho muito mais interessante e o negócio de varejo como um todo será muito mais eficiente.

O exemplo que vem do frio

Um bom exemplo de varejista que já está trilhando esse caminho é a gigante sueca de móveis IKEA. Na empresa, que conta com 170 mil colaboradores em mais de 30 países, a Inteligência Artificial vem sendo usada como uma ferramenta de treinamento, desenvolvimento e *reskilling*, reforçando a cultura do negócio e seu foco nas pessoas.

Essa abordagem começa no peso que é dado para os valores do negócio. Na IKEA, a avaliação de desempenho dos profissionais tem 50% de peso nos indicadores e metas do negócio, e outros 50% nos valores e na construção de liderança. A empresa busca valorizar uma comunicação com impacto, de forma inclusiva e direta, com honestidade, transparência e liderança pelo exemplo.

O cuidado com a equipe passa pelo apoio à saúde mental e ao bem-estar emocional, oferecendo dias de folga flexíveis e um "gerente de experiência do colaborador", que tem como missão construir um ambiente de trabalho positivo, que gere uma melhor experiência para os funcionários e para os clientes.

Partindo do princípio de que todo mundo está sempre aprendendo, tem talento e pode se tornar um líder ("*leadership by all*"), a IKEA quer empoderar suas equipes para que todos possam, juntos, fazer o negócio avançar. A construção da jornada de crescimento de cada colaborador é colocada em suas próprias mãos, em vez de imposta pela liderança. Com isso, cada profissional avança segundo seus objetivos de vida. Tem dado certo: cerca de 90% dos gerentes da empresa vieram de outros postos na empresa.

Para a IKEA, o verdadeiro empreendedorismo é dar a cada colaborador a oportunidade de assumir o controle de seu crescimento profissional, construindo sua carreira de acordo com o que é importante para cada pessoa. Para viabilizar esse objetivo, a empresa tem um programa em que pessoas em todos os níveis hierárquicos podem experimentar novas tarefas, para obter novas habilidades e entender melhor o trabalho que é feito por seus colegas. Assim, não é incomum ver executivos realizando atividades no piso de loja.

OK, mas onde a Inteligência Artificial se encaixa nessa história? Principalmente na retenção dos colaboradores, na busca por inovação e no *lifelong learning* das equipes. A IKEA acredita que, para ter vida longa e lidar com demandas futuras ainda impossíveis de prever, é preciso ter uma estrutura de treinamentos altamente adaptável e personalizável, para que cada colaborador possa fazer seu *upskilling* ou a reciclagem de conhecimentos de forma rápida e prática.

Um exemplo é a aplicação da tecnologia no apoio aos gestores. A IA realiza análises automáticas dos índices de retenção dos profissionais e identifica quem precisa de mais atenção e em que tópicos, além de acompanhar as ações realizadas e fazer o *follow up* junto aos gestores e colaboradores. Assim, se os dados mostram que o número de horas trabalhadas tem tido um grande impacto no *turnover* dos times, o sistema avisa os gestores e propõe ações a serem tomadas. Ao mesmo tempo, esse modelo não elimina o papel humano: os gestores se tornam responsáveis por fazer os necessários ajustes para gerar retenção, engajamento e felicidade dos funcionários. Nos primeiros três países que adotaram o sistema, houve uma melhora de 2,7% na rotatividade das equipes, levando a IKEA a expandir seu uso para 122 lojas em seis países.

AS INÚMERAS FRENTES DE TRABALHO DA IA

Com a evolução tecnológica, o varejo terá cada vez mais possibilidades de adoção da Inteligência Artificial para melhorar seus processos de negócios. Por isso, a tecnologia será um fator crucial na remodelação do setor para um futuro ainda mais digitalizado.

Sem querer esgotar as possibilidades, estas são algumas aplicações de IA que, na minha visão, estarão em alta no varejo nos próximos anos.

1) Automação de processos

A Inteligência Artificial já desempenha um papel significativo na automação de muitas atividades que um dia foram feitas manualmente. Como resultado, tarefas repetitivas passam a ser feitas por máquinas e os profissionais podem se dedicar a aspectos mais estratégicos do negócio, como atender bem os clientes.

A automação de ações como a contagem dos estoques (que pode ser feita por meio de *computer vision* a um custo competitivo com alta precisão e acompanhamento em tempo real) gera aumento de eficiência e ajuda a melhorar a experiência dos consumidores.

Imagine, por exemplo, a ruptura dos estoques, um ponto nevrálgico para a lucratividade do varejo e que afeta enormemente a experiência do cliente e suas decisões de compra. Um processo de verificação das gôndolas de um supermercado feito manualmente, mesmo que algumas vezes por dia, abre a possibilidade de que, por algumas horas, a prateleira tenha ficado desabastecida – e o resultado é venda perdida e consumidor desapontado. Um sistema de *computer vision* pode analisar as prateleiras e, assim que identificar que algum produto chegou a um nível mínimo de estoque, disparar um alerta de reposição. Sem erros, sem distrações e com alta assertividade.

2) Prevenção de perdas

O tema da prevenção de perdas é tão antigo quanto o varejo – e continua sendo um problema para as empresas do setor. O uso de Inteligência Artificial oferece métodos seguros para reduzir fraudes nos terminais de autoatendimento das lojas, identificando comportamentos suspeitos e o não escaneamento de algum item. Já na retaguarda, os sistemas podem monitorar os estoques e diminuir a possibilidade de furtos internos.

Outro aspecto em que a IA melhora os processos de prevenção de perdas é o controle de qualidade dos produtos perecíveis. Seja na identificação de produtos próximos ao vencimento (e que precisam de uma estratégia específica de promoção ou de envio para doação), seja no controle do estado de maturação de frutas, legumes e verduras para evitar que itens apodrecidos contaminem o estoque, a tecnologia pode ter um impacto importante na redução de perdas e no aumento da rentabilidade dos negócios.

Inteligência contra roubos nas lojas

Na Espanha, redes de supermercados como Carrefour, Dia e Eroski estão investindo em tecnologia para reduzir os índices de roubos em suas lojas – um problema que gerou mais de US$ 100 bilhões em perdas para o varejo em 2022. Como menos de 5% dos crimes nas lojas são resolvidos, a melhor defesa é evitar que os roubos aconteçam.

Para isso, as empresas utilizam uma solução da *startup* Veesion, que acrescenta uma camada de Inteligência Artificial aos sistemas de vigilância para captar e notificar atividades suspeitas dentro das lojas, permitindo que a equipe de segurança verifique o que está acontecendo e impeça que delitos ocorram. Segundo a empresa, a solução tem conseguido reduzir as perdas por roubo em cerca de 60%.

A IA, nesse caso, está integrada diretamente aos vídeos gerados pelas câmeras de segurança. O algoritmo analisa, em tempo real, o comportamento dos clientes e emite alertas automáticos de ações consideradas suspeitas. Tendo iniciado o desenvolvimento do sistema em 2018, a Veesion passou alguns anos desenvolvendo a IA para que ela reconhecesse quais são possíveis atividades suspeitas, como uma pessoa que caminha de uma forma diferente, olha demais para os lados procurando saber onde estão os seguranças ou coloca algum produto nos bolsos.

O sistema emite alertas para os *smartphones* ou *tablets* da equipe de segurança, para que a ação suspeita possa ser interrompida. Segundo a *startup*, a IA analisa os movimentos das pessoas, e não suas características físicas – como a cor da pele. Assim, se desvinculam potenciais problemas com discriminação ou regras de privacidade.

3) Desenvolvimento de produtos

Uma frente muito relevante para o varejo e para a indústria é o desenvolvimento de produtos e a calibragem do sortimento com o apoio da Inteligência Artificial. É bom deixar muito claro que o conceito, aqui, não é de uma IA autônoma que, magicamente, adiciona um item ao portfólio de uma marca: a Inteligência Artificial funciona como um "criador de atalhos", analisando possibilidades e interações de ingredientes para chegar a algumas opções que atendam aos critérios inseridos em sua programação.

Esse é um ponto importante e que vale a pena reforçar mais uma vez: a IA é tão boa quanto as perguntas que são feitas (falamos bastante sobre isso no capítulo que abordou as novas competências da IA). É como diz o Gato Risonho de *Alice no País das Maravilhas*: se você não sabe para onde vai, qualquer caminho serve. Com a IA, se você não sabe o que perguntar, qualquer resposta é válida. Assim, o desenvolvimento de produtos precisa ser parametrizado, considerando pontos como a aceitação do mercado a uma determinada fragrância ou sabor, o tipo de público que se quer atingir, a textura desejada para o produto, o custo dos ingredientes e o preço final pretendido.

Nesse sentido, temos um belo exemplo de aplicação da Inteligência Artificial aqui mesmo no Brasil. Em 2019, o **Grupo Boticário** lançou seus primeiros perfumes feitos com a ajuda de IA, depois de dois anos de desenvolvimento. Integrando o portfólio da marca Egeo, voltada ao público jovem, os perfumes On you e On me nasceram a partir de um trabalho realizado pela IBM em parceria com a Symrise, uma das principais fornecedoras de fragrâncias do Boticário.

O sistema de IA desenvolvido, chamado de *Phylira* (em homenagem à deusa grega dos perfumes), foi alimentado com milhões de dados referentes a fórmulas, ingredientes, taxas de aceitação dos consumidores e histórias da perfumaria. *Phylira*, então, cruzou os dados para chegar a combinações que se aproximavam ao que o Grupo Boticário desejava obter. As duas combinações de fragrâncias levam frutas, flores, especiarias, madeira e notas pouco comuns, como caramelo e leite condensado. Essa é, por sinal, uma vantagem do uso da IA: a capacidade de levar em conta ingredientes incomuns, que no dia a dia podem passar despercebidos ou não serem priorizados. Depois do trabalho da IA, as fragrâncias sugeridas passaram pela análise dos perfumistas do Boticário.

Em 2022, uma novidade da empresa foi o desenvolvimento de um batom inteligente para pessoas com deficiência. O produto permite colorir os lábios automaticamente sem borrar, fazendo com que o processo de maquiagem seja mais inclusivo. Em parceria com o centro de inovação CESAR, o produto é capaz de fazer a aplicação do batom respeitando os limites da mucosa, diferenciando a pele dos lábios e do rosto.

O processo funciona da seguinte forma: a IA utilizada identifica os contornos do lábio da pessoa e envia as coordenadas para aplicação. A pessoa aperta um botão no batom e a máquina colore os lábios, sem borrar. A iniciativa alia inovação em tecnologia às iniciativas de diversidade e inclusão promovidas pelo Grupo.

As ações da empresa acompanham a evolução da tecnologia. Em 2023, o Projeto FOL.I.A. trouxe tendências de maquiagem criadas com Inteligência Artificial que puderam ser reproduzidas com itens das marcas Boticário e Quem Disse, Berenice?, em uma combinação de imagens desenvolvidas virtualmente e presença no mundo real.

Segundo a empresa, o ponto de partida para a criação do projeto foi o mapeamento das expectativas do público das duas marcas, buscando identificar o que os consumidores e fãs nas redes sociais buscavam como referência para se expressar por meio da maquiagem. A seguir, o Grupo Boticário usou o Midjourney para gerar imagens que inspirassem os consumidores e pudessem ser replicadas por meio dos produtos das marcas.

Recentemente, a empresa foi convidada para ser *alpha tester* (testes antes do lançamento oficial) do Duet AI, plataforma do Google que inclui soluções de IA Generativa nos sistemas do Google Workspace, como Gmail, Documentos e Planilhas. O foco inicial foi a solução Attend for Me, que permite que um assistente de IA entregue mensagens em reuniões feitas pelo Google Meet em nome de um funcionário e realize anotações dos pontos importantes do *call*. A parceria entre Boticário e Google vem desde 2020, quando a *big tech* passou a fornecer serviços de compartilhamento em nuvem para o Grupo.

4) Otimização da cadeia de suprimentos

O uso de Inteligência Artificial tem o potencial de trazer ganhos enormes para o desempenho de toda a cadeia de suprimentos ligada ao varejo. A tecnologia, hoje, já acompanha o comportamento de compras dos consumidores e emite alertas quando o estoque dos produtos mais vendidos e dos itens que mais influenciam a decisão de compras alcança um nível crítico.

Olhando para o futuro, a IA pode trazer *insights* sobre os padrões de consumo dos clientes, incluindo a identificação de tendências sazonais e a estimativa de quando cada item do sortimento estará em alta demanda. Esse tipo de informação é essencial para manter os estoques das lojas no nível ótimo: nem baixos demais a ponto de gerar ruptura, nem tão altos que forcem demarcações para liberação de espaço nas gôndolas.

Inovação de tijolo em tijolo

Mesmo negócios mais tradicionais têm muito a ganhar com o uso de Inteligência Artificial. Um bom exemplo é a rede de materiais de construção Leroy Merlin, que, sem deixar seu posicionamento "pé no chão" de atendimento ao cliente, vem investindo forte em tecnologia na retaguarda para que a experiência do cliente seja a melhor possível – e a operação do negócio funciona com máxima eficiência.

Garantir que todas as informações sobre milhares de produtos estejam disponíveis nas lojas, sites e *marketplaces* da varejista em dez países não é uma tarefa simples. Para resolver a questão, a Leroy Merlin utilizou o conceito de inovação aberta, buscando *startups* que pudessem prover soluções. A Crawly encarou o desafio de enriquecer os dados dos produtos do sortimento da varejista, automatizando e dando um alto nível de precisão a uma tarefa repetitiva e cheia de detalhes.

Premiada no 4º Fórum de Inovações da Leroy Merlin, em 2023, pela solução encontrada, a Crawly buscou, para cada produto do sortimento da varejista, a correspondência nos fornecedores e sites de interesse, melhorando a correspondência entre os produtos. Para isso, a *startup* criou uma infraestrutura capaz de trabalhar com milhares de produtos em dezenas de pontos de busca, em tempo real, para que o tempo de cadastro e disponibilização dos SKUs diminuísse.

> O sistema faz buscas automatizadas em milhões de páginas por mês, dando mais assertividade e empregando mecanismos de detecção de erros para melhorar a qualidade do cadastro e das informações apresentadas para os consumidores. Dessa forma, diminui a possibilidade de o cliente encontrar poucas informações sobre um produto e desistir da compra.
>
> O sistema também passou a trazer informações ricas sobre itens como valor de frete, práticas de promoções feitas pela concorrência e preços de fornecedores e concorrentes, melhorando as estratégias de precificação, promoção e *marketing* no ambiente digital.

5) Atendimento ao cliente

Essa é a área em que a Inteligência Artificial tem trazido resultados mais visíveis, com benefícios claros aos clientes. O uso de *chatbots* mais inteligentes permite, por exemplo, que os consumidores naveguem mais facilmente no site e recebam recomendações personalizadas de produtos, aumentando a possibilidade de conversão e simplificando o processo de venda. Esse tipo de aplicação mostra claramente para o consumidor que o varejista valoriza o tempo do cliente e está trabalhando para oferecer uma melhor experiência de compra.

A Inteligência Artificial pode transformar o relacionamento do cliente com as marcas do varejo, acelerando a jornada de descoberta de produtos e contribuindo para resolver problemas. Com a IA Generativa, a maior parte das dúvidas dos clientes passa a ser respondida pelo sistema, liberando os profissionais de atendimento para cuidar somente dos casos mais desafiadores.

O atendimento ao cliente também se manifesta em aspectos como a melhoria da oferta de produtos para consumidores específicos. O uso de Inteligência Artificial otimiza a construção de ofertas personalizadas para cada cliente, a um custo cada vez mais acessível, o que aumenta o Retorno sobre o Investimento. Aliado à prática de identificação dos clientes nas lojas físicas e no site, esse é um fator que gera mais benefícios e permite entender melhor o que cada consumidor busca nas interações com o varejo.

Um bom exemplo de enriquecimento do atendimento ao cliente por meio da Inteligência Artificial pode ser encontrado no Magazine Luiza. A empresa é uma referência há tempos no uso de tecnologia no varejo, tendo feito uma profunda transformação digital do seu negócio nos últimos anos. Essa transformação mudou a forma de atuação das equipes e até mesmo de sua influenciadora virtual, a Lu.

A personagem, que no início era uma espécie de "garota propaganda" da marca e mais tarde passou a ser uma representação humana da marca nas peças de publicidade e nas redes sociais, passou a contar com Inteligência Artificial Generativa para fazer sugestões dos produtos mais adequados à necessidade de cada cliente, além de solucionar dúvidas do público.

Isso não acontece, porém, de uma hora para a outra. No primeiro semestre de 2020, a Lu registrava 8,5 milhões de interações por mês com clientes por meio de IA. Uma parceria com a IBM, utilizando a plataforma Watson, deu à Lu a capacidade de entender melhor as solicitações dos usuários e entregar respostas para assuntos que vão do acompanhamento dos pedidos a curiosidades sobre a própria personagem. Naquela época, segundo o Magazine Luiza, 20% dos atendimentos já eram resolvidos no primeiro contato e 60% das pessoas não entravam em contato com o SAC depois de falar com o assistente virtual. Durante a pandemia, esse foi um recurso importante para tirar dúvidas dos clientes, facilitar a experiência de compra e aumentar a taxa de conversão da operação on-line.

Outra área em que a tecnologia acelerou o atendimento foi no programa Parceiro Magalu. Em junho de 2020, a varejista passou a apoiar pequenos e médios varejistas que buscavam estrutura, em meio à pandemia, para vender seus estoques via Internet. O programa conta com um atendimento automatizado focado em responder às principais dúvidas sobre como ser um parceiro da empresa, como um tutorial que explica como inserir os produtos no sistema. Em poucos meses, o *chatbot* do Parceiros Magalu chegou a mais de 5.500 atendimentos por mês, com em média apenas três mensagens por usuário.

Em julho de 2023, o Magalu apresentou uma versão própria de IA Generativa. Desenvolvida pelo Luizalabs em parceria com o Google, o sistema se tornou o novo "cérebro" da Lu, humanizando o atendimento e sugerindo produtos mais adequados às necessidades de cada cliente, além de responder às dúvidas dos consumidores. O sistema começou a ser usado na categoria de *smartphones*, para depois ser expandido a outras categorias. "Com o uso da IA Generativa, vamos levar a experiência de atendimento a um novo patamar", disse André Fatala, vice-presidente de tecnologia do Magalu, no lançamento da plataforma.

Além de apresentar o *status* do pedido do consumidor, confirmar datas de entrega, verificar a disponibilidade do estoque dos produtos e registrar reclamações, a Lu faz recomendações de produtos segundo as necessidades e preferências de cada cliente. Assim, o resultado das buscas passa a levar em conta aspectos como a duração da bateria, o preço, a resistência da tela ou o uso pretendido para o equipamento. "Não somos nós que recomendamos produtos: é a IA usando as informações dadas pelo cliente, analisando as características dos itens do nosso *marketplace* e cruzando dados para oferecer uma resposta que atenda às expectativas", acrescentou Fatala.

6) Expansão de lojas

Uma área que sempre foi mais arte do que ciência – e que pode ser altamente "disruptada" com o uso de Inteligência Artificial – é a definição dos pontos comerciais para a expansão das lojas. Mesmo com o crescimento do uso de sistemas de geolocalização nas últimas décadas, definir o lugar ideal para um novo ponto de venda ainda depende bastante do conhecimento sobre os padrões de comportamento dos clientes da região. Isso pode mudar rapidamente.

Implementada em 2020, a Inteligência Artificial usada pelo GPA permite mapear mais de 300 mil imóveis comerciais e cruzar esses dados com fontes de dados, como o IBGE, para identificar as melhores regiões onde implementar lojas. Dados de precificação dos pontos, área disponível para locação e atuação da concorrência em vários bairros e cidades do Brasil são comparados com indicadores que geram informações sobre a concentração de moradores, faixa de renda e outras características de cada micromercado.

O passo seguinte é feito pelo time humano: analisar as melhores indicações para encontrar oportunidades de investimento. Dessa forma, a varejista ganhou agilidade no processo de mapeamento e consulta de imóveis, o que permite encontrar pontos comerciais rapidamente.

7) Diversidade, equidade & inclusão (DE&I)

O aumento da diversidade entre os colaboradores, na diretoria, no Conselho de Administração, na oferta de produtos e nas ações publicitárias entrou recentemente no radar das empresas. Esse aspecto do grande guarda-chuva que atende pela sigla ESG (ambiental, social e governança) representa uma grande oportunidade para que as empresas se aproximem de seus clientes – e um campo minado para quem erra na abordagem.

Para medir o índice de diversidade de seus anúncios, o Mercado Livre, principal *marketplace* em atuação no Brasil, adotou a Inteligência Artificial. A ferramenta VidMob Score de Diversidade e Inclusão, implementada no fim de 2023, passou a medir elementos como faixa etária, gênero e tom da pele das pessoas que aparecem em anúncios nas redes sociais. O Mercado Livre define quais são os parâmetros mínimos de presença de minorias em suas campanhas e a plataforma realiza a verificação das peças antes de elas irem para o ar.

A ideia da VidMob, desenvolvedora da solução, é ampliar em 2024 a capacidade da ferramenta para abranger elementos de acessibilidade para pessoas com deficiência. Segundo a companhia, esse recurso poderia aumentar o alcance das campanhas em até 20% e aumentar a inserção de pessoas no mercado consumidor.

8) Desenvolvimento dos colaboradores

Um dos grandes temores sobre o uso de Inteligência Artificial nos negócios é a perda de empregos. Como tem acontecido pelo menos desde a Revolução Industrial, o avanço tecnológico abre novas oportunidades em segmentos até então desconhecidos, ao mesmo tempo em que fecha portas em setores que se tornam mais mecanizados. Da agricultura à fabricação de automóveis, essa é a história que temos visto nos últimos 200 anos.

A empregabilidade das pessoas, porém, dependerá cada vez mais de uma requalificação dos profissionais de hoje, uma vez que a transformação para uma economia "movida à IA" não demorará uma ou duas gerações para acontecer. Os profissionais que estão hoje no mercado precisarão de um *reskilling* para lidar com as novas habilidades e competências necessárias daqui em diante.

Ao abraçar o uso de IA, os profissionais serão ainda mais eficientes. "Não acho que vamos para um mundo em que, se minha equipe não for mais eficiente, ela será diminuída. Em vez disso, minha equipe vai produzir mais e vão surgir ainda mais oportunidades", afirmou Sebastián Barrios, VP Sênior de Tecnologia do Mercado Livre, em uma entrevista à Bloomberg Linea. Para ele, a IA vai alavancar um aumento das contratações, para que a empresa possa fazer ainda mais.

Mesmo varejistas de segmentos mais tradicionais podem aproveitar as oportunidades. A Loja Renner, por exemplo, utiliza IA em seu projeto GMUP (Gente em Movimento UP) para conectar funcionários com oportunidades internas de desenvolvimento profissional na varejista: mentorias, participações em projetos e *job rotation*.

Além de oferecer uma experiência de aprendizagem diferente, o projeto reforça o pilar "Pessoas", um dos alicerces da varejista. O GMUP funciona como um *hub* digital que faz a conexão entre as competências dos funcionários e as oportunidades de desenvolvimento disponíveis dentro da Renner. As iniciativas com mais compatibilidade com o perfil de cada colaborador aparecem na página inicial da plataforma. O sistema também divulga oportunidades em ações do Instituto Renner, como tutorias, comitês de diversidade e voluntariado. Lançado em junho de 2021, o GMUP integra a universidade corporativa da empresa.

Um dos principais impactos do projeto está no engajamento dos talentos: o *turnover* tende a diminuir, pois os funcionários enxergam melhor as oportunidades de crescimento e as possibilidades de aperfeiçoamento profissional que a varejista está oferecendo. Os próximos passos são o aumento da oferta de oportunidades e a conexão da plataforma ao processo de avaliação de desempenho da Lojas Renner, para que os pontos de melhoria apontados nos *feedbacks* façam parte do *match* de oportunidades.

A HORA DA IA É AGORA!

A personalização do relacionamento com o cliente tem sido vista como um dos grandes benefícios trazidos pela IA Generativa no mundo do varejo. Embora já esteja muito claro que a tecnologia é um *gamechanger* no setor, o que nem sempre fica claro é a velocidade dessa transformação. Um estudo feito pela Bain & Company aponta que 65% dos varejistas acreditam que os pioneiros no uso de IA terão uma vantagem competitiva sustentável, uma vez que a curva de aprendizado não é simples.

Entretanto, apenas 33% dos entrevistados pela Bain colocaram a IA como uma prioridade para os próximos dois anos, o que mostra uma forte discrepância entre o discurso e a intenção de investir. Evidentemente, parte do problema está no fato de que a IA precisa que o varejo, ao menos hoje, conte com uma cultura e uma estrutura digital mais desenvolvidas. Mas isso não tira o senso de urgência, muito menos o risco de ficar parado enquanto o mundo inteiro avança em um ritmo exponencial.

Nesse momento, as possibilidades mais imediatas de obter benefícios estão em áreas como o relacionamento com os clientes. A possibilidade de personalizar o diálogo no SAC e o conteúdo das mensagens de *marketing* (do *mix* de produtos ofertados ao valor de cada oferta, passando pelo tipo de alavanca promocional usado) é uma oportunidade boa demais para deixar passar. Mas, para que essas possibilidades sejam aproveitadas, o varejo precisa contar com:

- » **Estratégia e visão claras:** você, em seu negócio, precisa identificar quais são os casos de uso que farão a diferença no seu negócio. Comece por esses casos de uso para então incorporar a IA à sua estratégia e ao desenvolvimento tecnológico;

- » **Novos modelos operacionais:** a personalização já vem sendo indicada pelos consumidores como um grande desejo. Em pouco tempo, será uma obrigação. A liderança das empresas precisa estar atenta e estimular o desenvolvimento de modelos de personalização, começando em um Produto Mínimo Viável (MVP) e encorpando-o até que seja possível implementar em todo o negócio;

- » **Dados e *analytics*:** invista, desde já, em uma arquitetura de dados estruturados e não estruturados. Avalie o comportamento dos clientes para criar perfis mais ricos deles;

- » **Teste e aprenda:** o caminho se faz ao caminhar. Esperar que outros encontrem as melhores práticas, para então acompanhar o fluxo, significa estar sempre atrasado. É preciso priorizar o uso de IA para acelerar o desenvolvimento do negócio.

A Inteligência Artificial continuará a evoluir. A jornada de mais de 60 anos que nos trouxe até aqui não acabou – muito pelo contrário. Aparentemente, esse é só o começo. Nos próximos anos, veremos soluções ainda mais sofisticadas e capazes de lidar com tarefas mais complexas de automação e análise de dados. Análise preditiva, personalização e integração *omnichannel* serão o básico esperado pelos clientes, ao mesmo tempo em que será preciso atender a padrões cada vez mais rigorosos de sustentabilidade. A Inteligência Artificial poderá desempenhar um papel essencial para que encontremos soluções para o planeta, comuniquemos o compromisso com práticas responsáveis e criemos modelos inovadores de negócios e de relacionamento com os clientes.

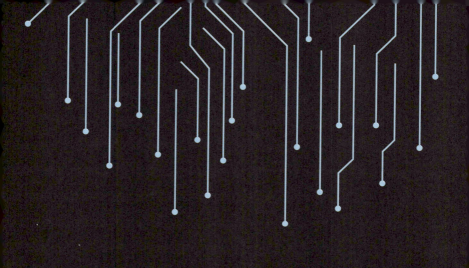

CAPÍTULO 6
CONCLUSÕES?

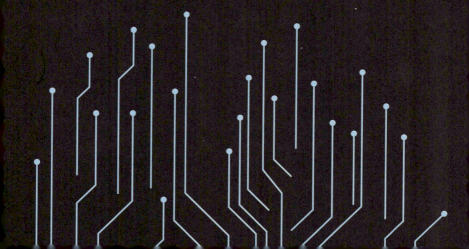

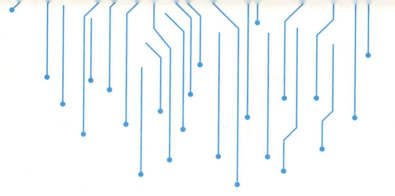

O título deste capítulo vem com uma interrogação no final por um bom motivo: estamos apenas no início da história da Inteligência Artificial no varejo. É como disse Jakie Rabinowitz, o personagem de Al Jonson em *O Cantor de Jazz*, o primeiro filme falado da história: "vocês não viram nada ainda".

Assim como aconteceu em 1927 com o cinema falado, estamos hoje vivendo o início de uma incrível trajetória. Embora a Inteligência Artificial exista, como tecnologia, há muitas décadas (como vimos lá no início deste livro), uma série de fatores se uniram para viabilizar o atual momento da IA – especialmente da IA Generativa.

Não é nem um pouco difícil projetar que a evolução da comunicação 5G, os avanços da Internet das Coisas, o potencial da Computação Quântica e o constante barateamento das soluções de armazenamento em nuvem e da capacidade de processamento de dados se combinarão para exponencializar as aplicações de Inteligência Artificial ao longo desta década. Chegaremos em 2030 e descobriremos que o estouro do ChatGPT no fim de 2022 foi apenas o estopim de algo muito mais amplo, complexo e poderoso.

MAS ANTES, O HOJE

Como dissemos lá nas primeiras páginas deste livro, a IA já está presente no dia a dia do varejo – por meio dos algoritmos usados em soluções de previsão de demanda, de relacionamento com os consumidores e de logística, entre outras. Com isso, ela já vem mudando o trabalho, os transportes, os processos de negócios e a vida das pessoas.

É questão de pouco tempo para que a IA seja *mainstream.* Da mesma forma como a Internet deixou de ser um diferencial para se tornar parte do cotidiano das empresas (e abriu outras possibilidades de interação com os clientes e novos modelos de negócios), a Inteligência Artificial transformará os negócios. Ela será cada vez mais potente – e quanto antes deixarmos de lado o medo de uma "Skynet que destruirá a humanidade" (o ser humano é capaz de se autodestruir sozinho, não se preocupe) e passarmos a olhar para as formas como essa tecnologia pode ser positiva, antes passaremos a aproveitar seus benefícios.

Por isso, meu conselho a você que chegou até aqui é: abrace o uso da Inteligência Artificial. Teste, se espante, aprenda, questione, descubra, se aprofunde. Estamos todos no início dessa jornada – e quem entender primeiro como aproveitar bem a evolução da tecnologia criará vantagens competitivas de longo prazo.

Convém fazer um alerta para despertar seu senso de urgência: a IA é uma tecnologia exponencial. Isso significa que em pouco tempo ela dobra ou quadruplica a capacidade de processamento de dados, de geração de *insights* e de transformação dos negócios. Ficar para trás agora é um grande risco, pois pode fazer com que você nunca mais alcance os líderes. Por isso, quanto antes se movimentar, melhor – e se a concorrência anda meio parada, melhor ainda, pois nesse caso o *first mover* tem uma enorme vantagem.

HORA DE AMARRAR CONCEITOS

Se é como eu, que tem o costume de fazer anotações durante a leitura e organizar o conhecimento de forma estruturada, chegou até este ponto do livro com um "manual de como fazer a IA funcionar" no seu negócio. Mas se você é como a maioria das pessoas, não foi tão metódico – incorporou algumas ideias, descartou outras, e daqui a algum tempo precisará voltar aqui para relembrar o que viu, vou ajudá-lo nesse *refresh* de conhecimento.

Vale também para quem anotou bastante coisa e tem uma oportunidade final de conferir se algo ficou pelo caminho – mas é valioso para quem quer encontrar um "mapa" da jornada de IA que será preciso percorrer a partir de agora. Está preparado?

ROMPA COM O PASSADO

Para aproveitar todo o potencial da IA no varejo, é preciso começar destravando seu negócio. No capítulo 2, mostramos que é necessário quebrar sete barreiras que estão amarrando as empresas ao passado – a um passado que será uma receita segura de fracasso no futuro.

As sete barreiras que precisam ser quebradas são as seguintes:

1) Pare de confiar somente na intuição – abrace os dados

Na sede do Google, no Vale do Silício, há uma frase bastante ilustrativa: "dados vencem opiniões – sempre". As empresas que colocam os dados no centro da tomada de decisões têm informações mais completas sobre o ambiente, a concorrência e os clientes. Com isso, entendem mais rápido o que está mudando, fazem correções de rota em tempo real e automatizam processos cotidianos, dando aos times a possibilidade de atender melhor os clientes.

2) Dados desatualizados

Atualmente, uma parcela muito pequena dos dados gerados em dispositivos eletrônicos é processada e analisada em tempo real pelas empresas. O peso dos sistemas legados (e os investimentos necessários para substituí-los) limita a capacidade das empresas de aproveitar imediatamente as informações. A evolução do 5G e o barateamento da nuvem farão com que seja cada vez mais viável renunciar ao que está instalado há 20 ou 30 anos e adotar sistemas que incorporam IA na análise de dados.

O resultado será a capacidade de receber, analisar e gerar *insights* dos dados em tempo real. Para os consumidores, isso poderá se reverter em experiências de compra muito melhores que as atuais. Para o varejo, mais velocidade, automação, eficiência, produtividade e rentabilidade.

3) Rigidez da arquitetura de informação

Outro problema dos sistemas legados é a incapacidade de lidar com formatos de informação que não existiam quando a tecnologia foi desenvolvida. Os sistemas legados das empresas estão organizados, normalmente, para lidar com dados rigidamente estruturados. Hoje, boa parte do tempo do time de desenvolvedores é gasto fazendo adaptações e traduzindo informações existentes para formatos que os sistemas entendam.

Estruturar dados não estruturados é enxugar gelo. É hora de adotar uma arquitetura de dados que permita incorporar dados não estruturados – por mais que isso signifique lançar fora sistemas nos quais foram investidos milhões de reais. Em vez de olhar para esse custo, analise o quanto seu negócio perderá ao longo do tempo se continuar com uma infraestrutura datada. A conclusão será muito clara: mude de paradigma para ontem.

4) Dados isolados na empresa

Por muito tempo, áreas dentro das empresas (e não só no varejo) adotaram sistemas que funcionam em parte do negócio. Com isso, é comum haver silos de informação, em que dados são tratados por uma área e não se comunicam com outros dados que poderiam trazer um olhar muito mais completo sobre o cliente. Quebrar os silos de dados é essencial para analisar dados em tempo real e para ter uma "única verdade do cliente".

5) TI como centro de custos

A área de TI das empresas foi por muito tempo (e ainda é, em muitos casos) um centro de custo que se limita a cuidar da manutenção dos sistemas. Em um mundo de transformações aceleradas, a TI precisa fazer parte das decisões estratégicas – afinal, a inovação que abrirá novas avenidas de crescimento dependerá da infraestrutura tecnológica e de novas formas de coletar, organizar e analisar dados.

6) Dados como "propriedade estratégica"

O que vou dizer agora parece contradizer tudo o que falei há pouco: as empresas precisam parar de considerar os dados como uma "propriedade estratégica". Dados sem contexto nem tratamento são pouco mais que ruído – o que importa, de verdade, é a capacidade de analisar os dados e transformá-los em *insights* relevantes para o momento atual do negócio.

Para que isso aconteça, será cada vez mais importante compartilhar dados com parceiros de negócios – e cada empresa que faça suas análises e gere a inteligência necessária para acelerar a inovação. Essa abordagem colaborativa é um enorme desafio, pois o *mindset* é de "se a farinha é pouca, meu pirão primeiro". A questão é que, com os dados, a farinha é muita: quem tiver os melhores processos para aquecer os dados, temperá-los e colocá-los no prato para serem consumidos é que terá vantagem.

7) Dependência de processos manuais

Por fim, o varejo depende ainda, em grande parte, de processos manuais. A automação gera mais segurança, privacidade e adaptabilidade das empresas. Tanto do ponto de vista da produtividade dos times quanto da segurança cibernética, é preciso incorporar tecnologia e adotar as melhores práticas de gestão de TI para que as empresas possam aproveitar todo o potencial da Inteligência Artificial.

ATUE NO PRESENTE, PREPARE O FUTURO

A mudança para um futuro impulsionado pela Inteligência Artificial é inevitável. Mas, para quem quer ser protagonista desse futuro, o caminho não é simples. A transformação digital precisará ser aprofundada – e esse, sozinho, já é um tema complexo. No capítulo 4 deste livro, mostramos três cuidados importantes que precisam ser tomados antes mesmo de iniciar a jornada de IA no varejo.

1) Calibre suas expectativas

A trajetória da IA, ao longo das últimas décadas, viu momentos de grandes avanços e empolgação com a tecnologia – para logo depois as expectativas serem quebradas e gerarem frustrações. Muitas aplicações ainda imaturas foram apresentadas como soluções prontas – e esse é um caminho certo para encontrar problemas.

A onda mais recente é a da IA Generativa – e, de fato, ChatGPT, MIdjourney, DALL-E e afins são incríveis. Mas não são soluções prontas a atender necessidades de negócios de todo tipo de empresa em todo lugar – certamente elas não se encaixam ao dia a dia de todo varejista. Assim, explore o potencial da IA, mas entenda que você não resolverá tudo a partir da tecnologia atual. Calibrar as expectativas é fundamental para investir corretamente.

2) Avalie o *fit* dos dados

O *hype* sobre IA Generativa é tão grande que muita gente desconsidera (ou nem fica sabendo) que a tecnologia não funciona sozinha – ela depende de dados para funcionar. E quanto melhor a qualidade dos dados disponíveis, maior o potencial de geração de resultados.

Investir em IA depende de "ter a casa em ordem". Se seu negócio ainda não tem uma cultura digital, nem uma infraestrutura pronta a coletar, processar e analisar dados, é preciso voltar alguns passos e segurar a empolgação. Lembre-se também de que, hoje, os modelos de IA não são intercambiáveis – o que foi desenvolvido no fornecedor A não vai funcionar automaticamente no fornecedor B. Muito trabalho de bastidores é necessário para fazer a IA acontecer.

3) Vá além dos custos operacionais

A IA Generativa não é somente uma forma de reduzir custos – e essa não deve ser a única forma de abordar o uso da tecnologia. Em um futuro breve, a IA poderá se apresentar de várias maneiras para os consumidores, e os gestores das empresas precisarão definir quais funções serão delegadas pelas máquinas (com supervisão humana) e o que continuará sendo feito como sempre.

Como consequência, os times precisarão ser treinados para usar a IA e "confiar desconfiando" de seus resultados. Por isso, antes de pensar na redução dos custos operacionais, invista no *reskilling* das equipes.

AS QUATRO COMPETÊNCIAS ESSENCIAIS PARA O PROFISSIONAL DE VAREJO

Deve estar claro para você, a essa altura, que as competências técnicas não serão os fatores essenciais para o sucesso em um mundo em que a Inteligência Artificial tem um papel importante. E isso representa um divisor de águas.

Tradicionalmente, a educação profissionalizante e as universidades focaram em treinar pessoas para executar tarefas conhecidas, a partir de uma grade de conhecimento bem definida. Nada disso faz sentido no mundo volátil e em alta velocidade que vivemos (que será ainda mais acelerado no futuro). Por isso, as empresas precisarão assumir a responsabilidade pela capacitação das equipes, preparando os profissionais para lidar com a evolução tecnológica.

Para que isso aconteça, todo profissional de varejo precisa de quatro competências essenciais que não são simples de implementar, levam tempo para serem desenvolvidas e estão mais ligadas às *soft skills*.

IMAGINAÇÃO

O mundo da Inteligência Artificial é um mundo de possibilidades. Por isso, os profissionais mais valorizados serão os que **têm imaginação** para propor os futuros possíveis –

ter excelência na execução de processos já estabelecidos fica em segundo plano, pois essas atividades serão automatizadas. É um desafio que impactará também os líderes, já que pessoas imaginativas são mais questionadoras, analíticas e inquietas.

EXPRESSÃO

Além de ter imaginação, é preciso ser capaz de **expressar uma visão** de futuro. Quanto melhor o profissional conseguir expressar essa visão (que ainda é uma ideia), mais rápido será possível explorar suas possibilidades. Os profissionais precisam ser preparados para comunicar expectativas, visões, sonhos e alternativas para os mais diversos *stakeholders* do negócio. Somente assim é possível discutir cenários, parcerias e novas estratégias.

FAZER PERGUNTAS

Com a evolução da IA e sua integração ao cotidiano, a habilidade de fazer perguntas ganha importância para profissionais que desejam ter sucesso em um contexto de constante mudança. Quem sabe fazer perguntas consegue melhores respostas para problemas complexos, supera vieses cognitivos, analisa questões éticas, compreende melhor os resultados gerados, se comunica melhor, tem ética e responsabilidade e consegue se adaptar melhor às mudanças.

REPERTÓRIO

Por fim, temos mais um aspecto que precisa ser construído com o tempo. Trata-se do **repertório**, que é a "biblioteca de conhecimento" sobre situações, problemas, desafios e sucessos do varejo. Empresas com uma cultura voltada ao cliente conseguem acelerar essa construção de conhecimento, mas também é necessário trabalhar a retenção das equipes, uma vez que o repertório se constrói ao longo do tempo. Ter equipes que conhecem a fundo o mercado, os produtos e os clientes continuará fazendo a diferença.

No capítulo 5 do livro, trouxemos diversos exemplos de aplicação da Inteligência Artificial em empresas de varejo. Longe de ser uma enciclopédia de casos de sucesso, são ideias que mostram o potencial de uso da IA e não esgotam o tema. Felizmente! O que esperamos é que os exemplos apresentados agucem a curiosidade e motivem você e suas equipes a explorar as possibilidades de aplicação da tecnologia na sua realidade, no contexto da sua geografia, seus clientes e seu segmento de atuação.

O caminho para o sucesso no varejo da Inteligência Artificial passa pelo seu preparo, como profissional, para ter mais imaginação, expressão, capacidade de fazer boas perguntas e construir repertório. E esses mesmos aspectos precisam ser multiplicados dentro de sua empresa para gerar mais conhecimento e capacitação nas equipes. De momentos informais de interação a rituais definidos e processos claros de transmissão de conhecimento, é preciso aproveitar as oportunidades para trabalhar os aspectos culturais ligados aos profissionais.

Em paralelo a tudo isso, acelere a transformação digital de seu negócio, reveja a arquitetura de TI e dados, e abra horizontes para as possibilidades de integração tecnológica com outros *players*. Esse conjunto de fatores, integrados à cultura e à realidade de seu negócio, é o que viabilizará o sucesso no varejo que está sendo desenhado hoje pela Inteligência Artificial.

DOIS RECADOS FINAIS

Para encerrar este livro, quero deixar dois recados. Na verdade, um pedido e uma dica.

O pedido é: conte-me o que achou do livro e como ele o estimulou a repensar sua evolução profissional e seu negócio a partir da Inteligência Artificial. Você me encontra nas principais redes sociais – será ótimo ampliar essa conversa com você.

A dica é: não limite sua investigação sobre o futuro do varejo a este livro. Agora há pouco, falamos sobre construção de repertório. Então, já comece agora – amplie seus conhecimentos sobre Inteligência Artificial lendo livros, artigos, estudos e *White Papers* sobre o tema. A bibliografia que me ajudou a construir estas páginas é um bom início.

Além disso, quero aproveitar para recomendar alguns livros que me chamaram muito a atenção recentemente:

» **A Arte de GPTear –** de Rodrigo Murta;

» **All in on AI – How Smart Companies Win Big with Artificial Intelligence –** de Thomas H. Davenport e Nitin Mittal;

» **From 5G to 6G – Technologies, Architecture, AI and Security –** de Abdulrahman Yarali;

» **Power and Prediction – The Disruptive Economics of Artificial Intelligence –** Ajay Agrawal, Joshua Gans e Avi Goldfarb.

É isso aí! Espero ouvir seus comentários em breve.
Um grande abraço.

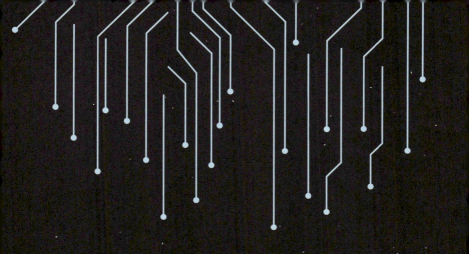

Referências bibliográficas

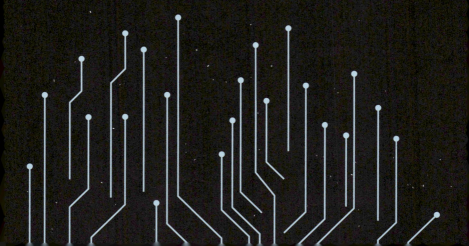

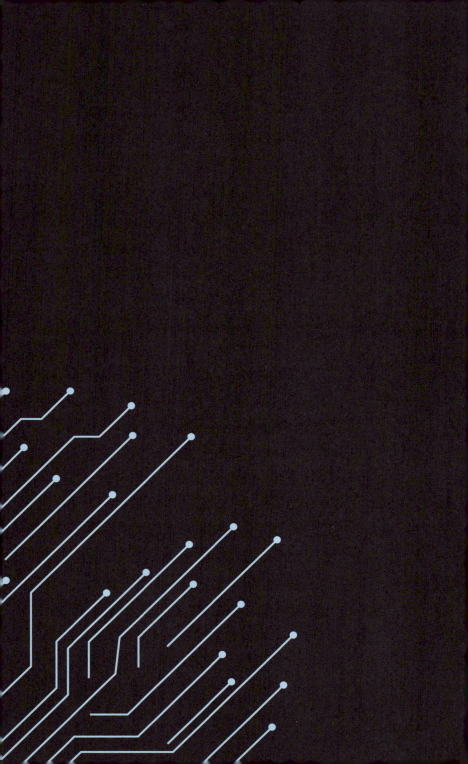

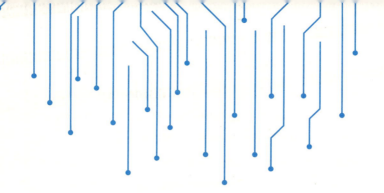

A Crawly aplicou tecnologias de ponta para atender a alta demanda da Leroy Merlin. 2023. Disponível em: https://www.crawly.com.br/case/leroy-merlin. Acesso em: 22 dez. 2023.

Associação Brasileira de Inteligência Artificial. Disponível em: https://abria.com.br/. Acesso em: 15 out. 2023.

Beyond the Hype: How AI is Reshaping Retail & CPG Marketing. 2023. Disponível em: https://risnews.com/beyond-hype-how-ai-reshaping-retail-cpg-marketing. Acesso em: 22 dez. 2023.

Boticário testa IA generativa do Google. 2023. Disponível em: https://www.baguete.com.br/noticias/18/10/2023/boticario-testa-ia-generativa-do-google. Acesso em: 22 dez. 2023.

Cérebro da Lu e escritórios inteligentes: como Magazine Luiza usa IA. 2023. Disponível em: https://forbes.com.br/forbes-tech/2023/08/cerebro-da-lu-e-escritorios-inteligentes-como-magalu-usa-ia/. Acesso em: 22 dez. 2023.

Com IA generativa, Lu, do Magalu, sugere produtos e resolve problemas dos clientes. 2023. Disponível em: https://tiinside.com.br/26/07/2023/com-ia-generativa-lu-do-magalu-sugere-produtos-e-resolve-problemas-dos-clientes/. Acesso em: 22 dez. 2023.

Gen AI and the future of work. 2023. Disponível em: https://www.mckinsey.com/quarterly/the-five-fifty/five-fifty-gen-ai-and--the-future-of-work. Acesso em: 22 dez. 2023.

Grupo Boticário desenvolve batom inteligente para pessoas com deficiências. 2022. Disponível em: https://www.boticario.com.br/dicas-de-beleza/grupo-boticario-desenvolve-batom-inteligente-para-pessoas-com-deficiencias/. Acesso em: 22 dez. 2023.

GPA usa Inteligência Artificial para escolher endereço de Novas Lojas. 2020. Disponível em: https://samaisvarejo.com.br/detalhe/blog-do-sergio-alvim/gpa-usa-inteligencia-artificial-para-escolher-endereco-de-novas-lojas. Acesso em: 22 dez. 2023.

Lu, do Magalu, se aproxima dos clientes e registra 8,5 milhões de interações ao mês com inteligência artificial de IBM Watson. 2020. Disponível em: https://www.ibm.com/blogs/ibm-comunica/lu-do-magalu-se-aproxima-dos-clientes-e-registra--85-milhoes-de-interacoes-ao-mes-com-inteligencia-artificial--de-ibm-watson/. Acesso em: 22 dez. 2023.

The data-driven enterprise of 2025. 2022. Disponível em: https://www.mckinsey.com/capabilities/quantumblack/our-insights/the-data-driven-enterprise-of-2025. Acesso em: 22 dez. 2023.

The Potential Impact of AI on UK Employment and the Demand for Skills – a Report by PwC for the Department of Business, Energy and Industrial Strategy. 2021. Disponível em: https://assets.publishing.service.gov.uk/government/uploads/system/uploads/attachment_data/file/1023590/impact-of-ai-on-jobs.pdf. Acesso em: 22 dez. 2023.

ALDAYA, F. IA tem levado a mais contratações no Mercado Livre, diz VP de Tecnologia. 2023. Disponível em: https://www.bloomberglinea.com.br/tech/ia-vai-ampliar-contratacoes-no-mercado-livre-diz-vp-de-tecnologia/. Acesso em: 22 dez. 2023.

ALVA, M. As AI adoption increases in the retail industry, AI preparedness increases – is it moving too fast? 2021. Disponível em: https://info.kpmg.us/news-perspectives/technology-innovation/thriving-in-an-ai-world/ai-adoption-retail.html. Acesso em: 22 dez. 2023.

ANDREESSEN, M. The Techno-Optimist Manifesto. 2023. Disponível em: https://a16z.com/the-techno-optimist-manifesto/. Acesso em: 22 dez. 2023.

_____. Why AI will save the world. 2023. Disponível em: https://a16z.com/ai-will-save-the-world/. Acesso em: 22 dez. 2023.

BARBOSA, V. O Boticário lança 1ºs perfumes feitos com ajuda de inteligência artificial. 2019. Disponível em: https://exame.com/marketing/o-boticario-lanca-1os-perfumes-feitos-com-ajuda-de-inteligencia-artificial/. Acesso em: 22 dez. 2023.

BHARDWAJ, S. *et al.* In Retail, Generative AI Favors Early Movers Who Focus on Personalization. 2023. Disponível em: https://www.bain.com/insights/in-retail-generative-ai-favors-early-movers-who-focus-on-personalization-infographic/. Acesso em: 22 dez. 2023.

CHUI, M. *et al.* The economic potential of generative AI: The next productivity frontier. 2023. Disponível em: https://www.mckinsey.com/capabilities/mckinsey-digital/our-insights/the-economic-potential-of-generative-ai-the-next-productivity-frontier. Acesso em: 22 dez. 2023.

FOUNTAINE, T; McCARTHY, B.; SALEH, T. Building the AI-Powered Organization. 2019. Disponível em: https://hbr.org/2019/07/building-the-ai-powered-organization. Acesso em: 22 dez. 2023.

_____. What it really takes to scale artificial intelligence. 2019. Disponível em: https://www.mckinsey.com/capabilities/mckinsey-digital/our-insights/digital-blog/what-it-really-takes-to-scale-artificial-intelligence. Acesso em: 22 dez. 2023.

_____. Getting AI to Scale. 2021. Disponível em: https://hbr.org/2021/05/getting-ai-to-scale. Acesso em: 22 dez. 2023.

GUERZONI, A.; MIRCHANDANI, N.; PERKINS, B. If AI holds the answers, are CEOs asking the right strategic questions? 2023. Disponível em: https://www.ey.com/en_gl/ceo/ceo-outlook-global-report. Acesso em: 22 dez. 2023.

KELLY, J. Unlocking Skills snd Growth: How IKEA Is Empowering Its Workers. 2023. Disponível em: https://www.forbes.com/sites/jackkelly/2023/11/03/unlocking-skills-and-growth-how-ikea-is-empowering-its-workers/. Acesso em: 22 dez. 2023.

LOPES, A. Mercado Livre testa inteligência artificial para medir diversidade em anúncios. 2023. Disponível em: https://exame.com/inteligencia-artificial/mercado-livre-testa-inteligencia-artificial-para-medir-diversidade-em-anuncios/. Acesso em: 22 dez. 2023.

NEWELL, A.; SHAW, J.C.; SIMON, H.A. (1959). Report on a general problem-solving program. *Proceedings of the International Conference on Information Processing.* pp. 256-264.

ORTEGA, P. La Inteligencia Artificial que es capaz de detectar a los ladrones de supermercados. 2023. Disponível em: https://www.

elespanol.com/invertia/disruptores-innovadores/disruptores/startups/20230125/inteligencia-artificial-capaz-detectar-ladrones-supermercados/734676954_0.html. Acesso em: 22 dez. 2023.

PEREIRA, L. Inteligência artificial pode afetar 56% dos profissionais em cargos de liderança, diz estudo. 2023. Disponível em: https://www.moneytimes.com.br/inteligencia-artificial-pode-afetar-56-dos-profissionais-em-cargos-de-lideranca-diz-estudo/. Acesso em: 22 dez. 2023.

RAMASWANY, S. How Companies Are Already Using AI. 2017. Disponível em: https://hbr.org/2017/04/how-companies-are-already-using-ai. Acesso em: 22 dez. 2023.

SOUSA, A. P. Think Work Flash Innovations: como a Renner inovou no desenvolvimento dos funcionários. 2023. Disponível em: https://blog.flashapp.com.br/desenvolvimento-profissional-renner-case-rh. Acesso em: 22 dez. 2023.

TURING, A. *Computing Machinery and Intelligence*. Mind, New Series, Vol. 59, No. 236, Outubro, 1950, pp. 433-460. Disponível em: https://phil415.pbworks.com/f/TuringComputing.pdf. Acesso em: 22 dez. 2023.

WEBB, A. How to prepare for a GenIA future you can't predict. 2023. Disponível em: https://hbr.org/2023/08/how-to-prepare-for-a-genai-future-you-cant-predict. Acesso em: 22 dez. 2023.

YILI, W. Here's how artificial intelligence can benefit the retail sector. 2023. Disponível em: https://www.weforum.org/agenda/2023/01/here-s-how-artificial-intelligence-benefit-retail-sector-davos2023/. Acesso em: 22 dez. 2023.